Bernd E. Ergert

Trophäe und Aberglaube

Österreichischer Jagd- und Fischerei-Verlag

Bernd E. Ergert

Trophäe und Aberglaube

Österreichischer Jagd- und Fischerei-Verlag

Bernd E. Ergert, Jahrgang 1940, ist Graphiker, Kunstmaler und Fachbuchautor. Er war langjähriger Direktor des Deutschen Jagd- und Fischereimuseums in München und lebt heute in Tirol.

Alle Fotos und Abbildungen wurden vom Autor zur Verfügung gestellt,
mit Ausnahme von: Seite 66 (Foto Willi Neuhauser),
Seite 108 (Zeichnung Hubert Zeiler),
Seite 146 (Bild von Gennadi Pavlishin)

Lektorat, Layout, Leitung Produktion: Michael Sternath
Njuweysal la round. Hau fah duihavago?

Verlagsassistenz und Sekretariat: Angela Pleyel (a.pleyel@jagd.at)

Gesamtherstellung: Druckerei Berger, Horn

ISBN 978-3-85208-142-7

Inhalt

Vögel – Gestalten der Götter- und Sagenwelt 130

IV. Fische

Die Trophäen der nassen Weid 137

V. Die Wurzeln

Die Wurzeln des Jäger-Aberglaubens 147

„Warum sie dies für heilig halten – wenn ich das sagen wollte, so würde ich mich mit meiner Erzählung in die göttlichen Dinge vertiefen, davon ich mich sehr in acht nehme zu sprechen …“

Herodot († um 425 v. Chr.)

Schweißhund mit wertvollem Fund.

Prolog

> Jagd ohne irgendwelche romantischen Hintergründe, ohne Wolfsschlucht, Hexenbann, neckenden und narrenden Spuk wäre ein kaltes und schnödes Vergnügen.
>
> Friedrich von Gagern

Es liegt schon einige Jahre zurück, das neue Jagdjahr hatte noch nicht begonnen, als ich mit meinem Schweißhund „Eibe“ nach dem Hahnverhören hinab ins Tal stieg. Einzelne Nebelfetzen zogen die Gräben hinauf, in denen noch meterhoch der Schnee des langen Bergwinters lag. Beim Aufstieg in der Nacht zum Balzplatz des Urhahnes hatte ich den kürzeren, doch sehr viel steileren Weg genommen. Ganz bewusst hatte ich auf eine Taschenlampe verzichtet und meinen Weg mit einer alten hölzernen Laterne gesucht, in der eine Kerze brannte. Wer sich einmal so in stockdunkler Nacht mit Bergstock über Fels, Eis und unter Schnee verborgenem Astwerk an einen Balzplatz getastet hat, stellt sich manche Frage: Was bewegte Menschen früherer Zeiten so ausgerüstet dazu, sich in Räume zu wagen, in denen sie Unheimliches, Geister und Dämonen vermuteten? War es die Trophäe? War es das begehrte Wildbret? Oder wollten sie vielleicht nur die eigene Kraft und Ausdauer vor Anderen demonstrieren?

Mich führte mein spätnächtlicher Weg zuerst steil abwärts durch eine Wildnis von riesigen Felsbrocken und vom Bergsturm entwurzelter oder vom Blitz gespaltener Bäume. An diesem frühen Morgen, in finsterer Nacht, ging mir manchmal bei einem Stolperer die Kerze aus. Mühsam musste ich eine der Glasscheiben in der Holzfuge hochschieben, die Kerze wieder aufstellen und erneut anzünden. Bizarre Formen dürrer Äste tauchten im unruhig hin und her flackernden Lichtschein auf und ließen sogar den Hund neben mir manchmal lauschend und ängstlich verhoffen. Jetzt bei Tageslicht beim Heimgehen zeigte der alte Zirbenwald sein anderes, sein freundliches Gesicht. Ein laues Lüftchen wehte vom Berg, und die schon hoch stehende Sonne wärmte Schultern und Rücken. Langsam und nachsinnend ging ich den Jägersteig hinunter, und nur allmählich wichen die Gedanken an den geheimnisvollen Gesang des Großen Hahnes, an diese Morgenbalz aus dem Kopf.

Weit unten, wo der Steig auf den Forstweg trifft, machte ich müde Rast an der Kreuzzirbe. An diese mehrmals vom Blitz getroffene Zirbe ist ein meterhohes Kreuz angelehnt. Den Hund nahe bei mir und in Gedanken bei manch unheimlicher Geschichte, die der Volksmund von diesem Ort zu erzählen weiß, schlief ich ein. Als ich aufwachte, war Eibe weg, und noch schlaftrunken, mit Alpträumen von Auerhähnen, Teufeln und Berggeistern im Kopf, rief ich nach ihr. Mit wedelnder Rute kam sie brav aus einer Buschlücke und brachte mir stolz die rötlich-braune, noch völlig frisch aussehende Abwurfstange eines starken Sechserbockes. Meine Vorfahren, Jäger und Bauern, hatten in ähnlichen Vorfällen ein günstiges Vorzeichen gesehen, ein gutes Omen. Lobend und vorsichtig nahm ich dem treuen Jagdgefährten den wertvollen Fund aus dem Fang. *Trophäe oder Erinnerungsstück an einen noch lange im Gedächtnis bleibenden Jagdtag?* Das Leitthema eines, meines Buches, das ich schon lange im Auge hatte. Behutsam strichen die Finger über die prächtige Perlung. Der Fund dieses Morgens gab mir damals den Anstoß zu einem Vortrag, den ich in der Folge hier – dieses Buch einleitend – wiedergeben möchte.

Die Trophäe – Siegeszeichen, Erinnerungsstück oder Reliquie des Jagdtieres?

In keiner Wirtsstube fehlen sie, die Hirschgeweihe, Rehkrickerln und Gamskrucken, und so mancher Dachboden ist voll mit Trophäen, die einst für den Erleger von unschätzbarem Wert waren. Nach seinem Tod ist dieser persönliche Wert erloschen, und der Beschauer weiß nichts von den Mühen und den Erlebnissen, die für den wackeren Weidmann mit diesen Objekten verbunden waren. Häufig waren diese alten jagdlichen Erinnerungen natürlich auch mit finanziellen Aufwendungen verbunden, und die Erben glauben, Wertvolles in Händen zu halten. In den Jahren meiner Tätigkeit als Direktor des Deutschen Jagd- und Fischereimuseums in München kam es recht häufig vor, dass ich solch vermeintliche Kostbarkeiten aus Nachlässen angeboten bekam. Die Anbieter waren dann regelmäßig enttäuscht, wenn ich ihnen den Gang zum Knopfhersteller oder zu Flohmärkten empfahl.

Siegeszeichen

Trophäen sind nach der ursprünglichen griechischen Bezeichnung „Siegeszeichen“ *(tropaion,* Mehrzahl *tropaia).* Sie wurden von den griechischen Feldherren nach dem Bezwingen der Feinde auf dem Schlachtfeld aufgestellt. Das Tropaion, das Zeichen des Sieges, bestand aus einem Gerüst, an dem die Waffen und das Rüstzeug der Besiegten aufgehängt wurden. In die Kunst fand das Tropaion etwa ab dem 5. Jahrhundert vor Christus Eingang. Das Zeugnis des Sieges zierte von nun an Münzen, Reliefs und andere Kunstgattungen. Im Imperium Romanum kam das Siegeszeichen zu voller Blüte, doch mit dem Niedergang des Römischen Reiches ging es in seiner ursprünglichen Bedeutung verloren. In späteren Epochen dienten die gegnerischen Fahnen, Wimpel und Feldzeichen bei kriegerischen Auseinandersetzungen als Siegestrophäen. In übergeordneter Bedeutung lebte das Tropaion aber noch viel länger: Es fand seinen Ausdruck in kapitalen Zwölfendern und in den Schrumpfköpfen indigener Völker.

Unsere in der Steinzeit lebenden Vorfahren sahen vermutlich, wie die Naturvölker, in ihren Jagdtrophäen Sakramentalien der Jagd. Sie dienten, wie wir aus zahlreichen Funden wissen, als Fetisch, als Amulett oder Abwehrzauber. Sie wurden am Körper getragen, in Behausungen verwahrt oder an geheimen Plätzen aufgestellt oder auch in Höhlen vergraben. Der frühe Mensch steht ja ratlos vor den „verborgenen Dingen“ des Daseins. Die Hintergründe seiner Welt, die Ursachen und Wirkungen, sind ihm rätselhaft und verschlossen. Er versucht, die Zusammenhänge in der Natur zu begreifen und geht von der Beseeltheit aller Dinge aus, von einer seelischen oder geistigen Kraft, deren Wirken er überall zu spüren glaubt.

Im klassischen Altertum – bei den Griechen und Römern – pflegte man den Jagdgöttinnen Artemis und Diana auch Hirschgeweihe, Bären- und Keilerköpfe sowie Wilddecken als Dank- und Bittopfer zu weihen.

Im Mittelalter wandte man hingegen in unserem Kulturkreis den Geweihen des erlegten Wildes als Trophäe keine große Aufmerksamkeit zu. Als Werkstoff hingegen blieb es – wie Horn, Knochen, Elfenbein, Fell und natürlich Leder – ein unentbehrliches Naturprodukt.

Erst um 1500 begannen starke Geweihe als Zimmerschmuck in Schlössern und als wertvolle Ausstellungsstücke in höfischen Kunst- und Wunderkammern zu dienen. Die Innsbrucker Hofburg beherbergte 1517 laut eines Reiseberichts von Kardinal Luigi d‘ Aragona mehrere Räume, die in der Art von Kaiser Maximilians Jagdschloss in Steinach am Brenner mit Hirschgeweihen geschmückt waren. Der als „guardaroba“ bezeichnete Raum war mit riesigen Hirschtrophäen ausgestattet und enthielt neben Eisenarbeiten und kostbaren Rüstungen unter anderem einen gehörnten Hasen und auch das Gemälde eines Hirsches von der Größe eines Pferdes.

Aber nicht nur das österreichische Kaiserhaus zeigt in seinen Schlössern und Jagdhöfen dekorative Geweihe und andere kostbare Jagdtrophäen. Auch die Wittelsbacher Herzöge richteten in der Burg Trausnitz zu Landshut eine Wunderkammer mit Mirabilen und Trophäen ein. Als besondere Raritäten wurden hier Abnormitäten gesammelt. Das Bizarre und Außergewöhnliche entsprach einerseits dem damaligen Formempfinden, andererseits interessierten absonderliche Vorkommnisse in der Tierwelt die Menschen einfach.

Faszination Geweih – Darstellung eines abnormen Hirschen. Noch im Mittelalter schenkte man den Geweihen erlegten Wildes kaum Aufmerksamkeit. Erst um 1500 begannen starke Geweihe als Zimmerschmuck in Schlössern zu dienen, und in Kunst- und Wunderkammern stellte man Bizarres und Außergewöhnliches aus.

Das Lüsterweibl

In diese Zeit des Sammelns und Präsentierens – eine Mischung aus Kunstsinn, wissenschaftlichem Interesse, Wunderglauben und der sinnlichen Freude am Kostbaren, passen auch die Lüsterweibchen. Es sind Hängeleuchter, häufig in Form einer Sirene mit Fischschwanz, in dem zwei Hirschgeweihstangen oder Steinbockhörner verankert sind. An ihnen sind die Ketten für die Aufhängung befestigt, und sie tragen die kunstvoll geschmiedeten Kerzenhalter. Im süddeutschen Raum und in der Schweiz waren in jener Zeit diese Geweihleuchter beliebt, die der Historismus im 19. Jahrhundert dann wiederentdeckt hat. Auf ein besonders schönes und um 1510 entstandenes Lüsterweibchen möchte ich den werten Leser hinweisen. Es hängt in einer gotischen Stube im Bayerischen Nationalmuseum in München. Die geschnitzte und farbig gefasste Halbfigur mit einem Gabelhirschgeweih stammt aus Schloss Füssen, der ehemaligen Augsburger bischöflichen Residenz. In den Händen hält sie eine bunt bemalte Kartusche mit Jagdszenen.

Auch Albrecht Dürer entwarf 1513 einen Leuchter mit Geweih, das „Leuchterweibchen“. Ein Hängeleuchter aus den Stangen eines Zwölfenders mit Doppelbüste der Kaiser Maximilian I. und Karl V. von 1516/19 befindet sich in der katholischen Pfarrkirche von Wilpoldsried im Allgäu. Es scheint mir, dass alle diese Kunstobjekte mit Geweih, die ich bei meinen Forschungen fand, ob bewusst oder unbewusst, mit Christus als Spender des ewigen Lebens in Verbindung stehen.

Trophäensammlungen

Die absolutistischen Herrscher in Europa übertrafen sich – ausgehend von Frankreich – ab dem 17. Jahrhundert in ihrer Hofhaltung gegenseitig. Der höchst aufwendige Jagdbetrieb und die

Ausstattung der Schlösser mit Trophäen, Gemälden und Kunstwerken mit Jagdbezug verschlangen immense Summen. Große Sammlungen entstanden. Stellvertretend für heute noch besonders sehenswerte Trophäensammlungen möchte ich drei herausgreifen, die sich in ihrer zeitlichen Einordnung und in der Form ihrer künstlerischen Ausgestaltung unterscheiden.

Die erste dieser drei Sammlungen befindet sich auf Schloss Moritzburg bei Dresden. Inmitten einer Wald- und Teichlandschaft gelegen, gehört Schloss Moritzburg zu den schönsten barocken Jagdschlössern Europas. Es beherbergt eine der umfangreichsten Geweihsammlungen der Welt. Im Speisesaal, dem größten Saal des Schlosses, der einst auch als Theater- und Ballsaal diente, hängt eine Vielzahl „der stärksten und raresten" Rothirschgeweihe. Sie haben ein Mindestalter von 250 bis 350 Jahre und stellen in ihrer Gesamtheit eine auf der Welt wohl einmalige Sammlung dar. Im Inventar von 1733 wurden 71 *„braune mit grü-*

Speisesaal des Schlosses Moritzburg. Hier hängt eine Vielzahl der „stärksten und raresten" Rothirschgeweihe – eine wohl einzigartige Sammlung.

nen Weinblättern und goldenen Blumen sauber geschnitzte Hirschköpfe mit Geweyen von unterschiedlichen Enden" erwähnt, von bekannten Meistern *„zierlich geschnitzt und auf das feinste vergoldet"*. Leider hat man die Herkunft der Geweihe fast nur bei geschenkten oder erworbenen Exemplaren vermerkt, doch viele der Hirsche wurden in den sächsischen Revieren gehegt und gepflegt. Die damaligen Jagdlisten sprechen eine deutliche Sprache: Es sind Hirsche mit 5 bis 6 Zentnern aufgeführt, wobei der schwerste ein Zwölf-Ender von 8 Zentnern und 25 Pfund war. Ein ungerader 24-Ender hat ein 19,865 Kilogramm schweres Geweih bei einer Ausladung von 2,40 Metern!

Die bedeutendste Hirschtrophäe in dieser Sammlung – und ich wage zu sagen: die bedeutendste und vielleicht schönste Jagdtrophäe überhaupt – ist der sogenannte 66-Ender. Erlegt wurde der Hirsch durch Kurfürst Friedrich III. von Brandenburg am 18. September 1696 in der Spree-Niederung bei Fürsten-

Das Geweih des legendären Moritzburger 66-Enders.
Der Hirsch wurde im September 1696 in der Spree-Niederung vom Kurfürsten Friedrich den III. von Brandenburg erlegt und später dem Moritzburger Schlossherrn August dem Starken für eine Kompanie großer Grenadiere überlassen.

Ungewöhnliche Geweihe.
Im Monströsensaal in Moritzburg hängt nicht nur der berühmte 66-Ender, sondern noch viele andere abnorme Hirschgeweihe. Das Bizarre und Außergewöhnliche faszinierte.

walde. Seine Durchlaucht ließ einen Gedenkstein errichten und eine Erinnerungsplakette an seiner Pirschbüchse anbringen, mit der er den Geweihten gestreckt hatte. Seit 1728 befindet sich die Trophäe in Moritzburg auf einem aus Lindenholz geschnitzten und vergoldeten Hirschhaupt im Monströsensaal, mit anderen „*zierlich geschnitzten und vergoldeten*" Köpfen. Eine Anmerkung meinerseits sei noch gestattet, die den hohen persönlichen Wert einer Jagdtrophäe – eines objektiv gesehen fast wertlosen Naturproduktes – sehr schön illustriert: Der Heidereiter Siebenbürger, der den Kurfürsten – den nachmaligen König Friedrich I. – auf den Hirsch geführt hatte, wurde mit einem Bauerngut belohnt. Heinrich Wilhelm Döbel berichtet 1746 in seinem Buch „Jäger-Practica", dass das Geweih selbst durch König Friedrich von Preußen an den Schlossherrn Friedrich August von Sachsen für eine Kompanie großer Grenadiere geschenkt worden sei.

Die zweite wahrhaft fürstliche Sammlung, die sich durch die besonders schönen, künstlerisch gestalteten barocken Trophäen-

Verkämpfte Hirsche auf prächtigen, ausführlich beschrifteten Barockschildern.

Die Trophäe befindet sich neben anderen bemerkenswerten Hirschhäuptern auf dem Königlichen Schloss Berchtesgaden.

schilder – auch „Kartuschen" genannt – heraushebt, befindet sich im Königlichen Schloss Berchtesgaden. Es dient heute dem Chef des Hauses „Wittelsbach" – Herzog Franz – als Sommerresidenz. Im Wohntrakt seines Großvaters, Kronprinz Rupprecht, hängen im Südflügel bemerkenswerte Hirschhäupter aus der markgräflich-ansbachischen Hofkammer. Die meisten, auf prächtige und ausführlich beschriftete Kartuschen gesetzten Trophäen – darunter zwei 26-Ender – wurden um 1730 erbeutet. Erleger ist der „Wilde Markgraf" aus Ansbach, Carl Wilhelm Friedrich Markgraf von Brandenburg-Ansbach (1712 bis 1757), der 1729 Landesherr des Fürstentums Ansbach wurde. Wie wichtig diesem in jeder Beziehung barocken Fürst die Jagd war, zeigt eine der mit viel Gold gefassten Kartuschen in Gestalt einer Hirschdecke. Sie ist rot gefüttert mit verschiedenen aufgesetzten Trophäen, wie Hifthorn, Köcher und Hirschfänger.

Darunter findet sich eine Schleifenrosette mit ovalem Schild mit folgender, auf das Feinste ausgeführter Beschriftung: *„Diesen Hirsch von grad 22 End haben der Durchlauchtigste Fürst und Herr, Carl Wilhelm Friedrich Marggraff Zu Brandenburg ec. ec. neben 21 anders meistjagdbaren Hirsch in einem unter Direction deß Herrn geheimden Raths und Obrist Jäger Meister von Schlammersdorff, uff Cammersteiner Wildfuhr, in der Lauben ... eid gehaltenen Bestatt Jagen, mit eigen hoher Hand geschoßen den 16. Aug. Ao. 1735."*

Der Aufbau der dritten Trophäensammlung, auf die ich in diesem Buch aufgrund ihrer Bedeutung kurz eingehen möchte, fällt in die Mitte des 19. Jahrhunderts. Sie ist heute im Deutschen Jagd- und Fischereimuseum in München ausgestellt. Maximilian Graf von Arco-Zinneberg (1811 bis 1885) hat sie in unentwegter und keine Kosten scheuender Sammeltätigkeit aufgebaut. Bereits im Alter von 23 Jahren sammelte er außergewöhnliche Hirsch- und Rehgeweihe sowie Gamskrucken, vor allem aus dem Alpenraum, aber auch Karpatenhirsche, Ungarnhirsche, Transkaukasische Edelhirsche, darüber hinaus auch Trophäen außereuropäischer Tiere. Der „Adlergraf", wie Arco aufgrund seiner kühnen Aushorstungen von Steinadlern genannt wurde, hatte die Sammlung in seinem Palais in München präsentiert. Doktor Karl Sälzle, der erste Direktor des Münchner Jagdmuseums, erzählte mir oft von der fast unübersehbaren Fülle der Objekte. Doch lassen wir ihn selbst berichten. Er schreibt 1966 im Eröffnungs-Katalog für das Museum, welches zuerst im Nymphenburger Schloss untergebracht gewesen war und nach dem Krieg schließlich eine neue Heimstätte in der ehemaligen Augustinerkirche in München gefunden hatte:

> Wer den Trophäensaal im ehemaligen Arco-Palais nicht aus eigener Anschauung kennengelernt hat, kann sich nur schwerlich eine Vorstellung davon machen, in welcher unendlichen Fülle hier die Gehörne und Geweihe zusammengetragen wurden. Der erste Eindruck war sinnverwirrend, ja so erdrückend, dass man wirklich, wie man zu sagen pflegt, den Wald vor lauter

Der Trophäensaal des „Adlergrafen".

Maximilian Graf von Arco-Zinneberg (1811 bis 1885) baute in unentwegter und keine Kosten scheuender Sammeltätigkeit eine fast beängstigend große Trophäensammlung auf. Zunächst befand sich diese in seinem Münchner Palais, später übersiedelte sie ins Jagd- und Fischereimuseum in der ehemaligen Augustinerkirche.

Maximilian Graf von Arco-Zinneberg auf der Jagd.

> Bäumen nicht mehr sehen konnte. Und zwischen all diesen Stangen und Enden und Zacken war ein ganzes Arsenal von Möbelungeheuern in wahrhaft Makartscher Manier ausgebreitet: Tische und Stühle, Lehnsessel und Sofas, Leuchter und Uhren, Kistchen und Kästchen, alles mit Hirschhorn und Bein belegt und von hunderten von Geweihstangen umstarrt, dazu noch Bilder von gewaltigen Ausmaßen und eine ganze Reihe von riesigen Spiegeln, die alle noch einmal die ohnehin schon beängstigende Vielfalt in ihrer Tiefe widerstrahlten.

Es ist natürlich aus heutiger Sicht bedauerlich, dass man sich, dem Zeitgeschmack und einem neuen Museumskonzept Rechnung tragend, nach dem Krieg von Arcos Jagdmobiliar getrennt hat. Auch die Anpassung der Trophäen an den prächtigen weißen Renaissance-Saal der Augustinerkirche war erforderlich. Die in Eichenlaub geschnitzten Trophäenschilder und die in Pappmaché gefertigten Häupter wurden entfernt, stattdessen pflanzte man die meist kurz abgeschlagenen Geweihe in weiße Gipsköpfe. Nur in den alten Museumskatalogen sind die Sammelstücke des „Grafen Egge", wie Ganghofer den Adlergrafen in seinem Roman „Schloss Hubertus" nennt, als Abbildungen in der Originalform zu sehen.

Speisezimmer im gräflichen Jagdhaus „Schorn" von Arco-Zinneberg in Berchtesgaden. – Ludwig Ganghofer erwähnt es in seinem Roman „Schloss Hubertus".

Die Jagd wird bürgerlich

Bis ins Barockzeitalter bestimmte die Repräsentation einer Standesgesellschaft, die den Jäger zum Akteur eines vorgeplanten Schauspiels machte, die Jagd. Zu Beginn des 19. Jahrhunderts, nach der Französischen Revolution und den Napoleonischen Kriegen, als Aufklärung und Romantik breite Wirkung erzielten, wurde die Jagd bürgerlicher und nüchterner. Treibjagd sowie Ansitz und Pirsch dominieren seither die Jagd. Herr Biedermeier entdeckte und erforschte seine Umwelt, und die Jagd bot ihm eine willkommene Gelegenheit dazu. Wer kein Jäger war oder sein wollte, legte in jener Zeit Käfer- oder Schmetterlingssammlungen an, wenn er sich nicht mit einem Herbarium beschäftigte. Die Trophäe erlegten Wildes wurde erst damals zum Sammelobjekt weiter Jägerkreise und zum Erinnerungsstück an schöne Jagderlebnisse. Es wurde Sitte, große und kleine Geweihe, Gehörne, Krucken und Keilerwaffen zu sammeln und ihnen einen würdigen Platz in der Jägerbehausung zu geben. Sicher mit angeregt durch die ersten nationalen und internationalen Jagd- und Trophäenausstellungen um 1900 (Kleve 1881, Wien 1910) wurden diese Objekte mit kurzen Vermerken versehen. So konnte man solche Sammlungen als eine Art Jagdtagebuch verstehen.

Wie sehr Trophäen die Gemüter – sogar von Nichtjagenden – bewegen können, möchte ich an einem Beispiel zum Abschluss dieses Abschnittes zeigen. Ein wenig räumlich abgegrenzt von den Hirschen des „Adlergrafen“ hängen im Weißen Saal des Deutschen Jagd- und Fischereimuseums drei weitere kapitale Kronenhirsche, mit originalem Oberschädel. Nach dem Zweiten Weltkrieg hatte sie, wie man mir erzählte, ein ungarischer Förster in der Zoologischen Staatssammlung München unter vielen anderen Geweihen entdeckt. Aufgrund der Beschriftung mit schwarzer Tusche und einem Wappen in Farbe konnten sie zugeordnet werden und kamen – schon weil sie überaus kapital waren – als Dauerleihgabe ins Deutsche Jagdmuseum. Erleger der Hirsche war Reichsjägermeister Hermann Göring. „Matador“, „Odin“ und „Leutnant“, die Namen der Hirsche sind neben dem Familienwappen, dem Tag der Erlegung und dem Ort – Rominten – auf der Schädelplatte angebracht.

Die drei Rominter Hirsche, alle auf schlichte Holzschilder montiert, hingen Jahrzehnte bei meinen Vorgängern und bei mir in diesen einst heiligen Räumen. Heute aber gibt es Bestrebungen aus verschiedenen Richtungen, sie von dort zu verbannen. Vorsichtshalber wurden sie mittlerweile schon in ein Außenlager umgesiedelt …

Darstellung eines Hirsches in „Der vollkommene Teutsche Jäger“ von Johann Friedrich Freiherr von Flemming (1670 bis 1733).

Der Hirsch war allein schon aufgrund seines beeindruckenden Kopfschmuckes bei vielen Völkern ein Symbol übernatürlicher Stärke.

Der Hirsch – edles Jagdtier und Symbol Christi

Aberglaube rund um das Hirschgeweih: das Geweih als Schutz gegen Blitze

Sagen sind wertvolle Schätze des Volkes. Sie knüpfen an sonderbare oder auffällige Ereignisse an und erheben stets Anspruch auf Glaubwürdigkeit, obwohl die Urheber der Geschichten unbekannt sind. In Zeiten, in denen man sich viele Vorgänge in der Natur nicht erklären konnte, brachte der Volksaberglaube solche unerklärlichen Vorgänge mit übernatürlichen Mächten in Verbindung. Eine Hauptfigur war dabei immer der Teufel, ein Gegenspieler zu den guten Geistern und zur Gottheit.

Auf der Suche nach einer Sage, welche die Heiligkeit des Hirsches und die Kräfte des Teufels veranschaulicht, fand ich folgende Geschichte. Schauplatz ist der Stephansdom im Wien des 16. Jahrhunderts:

Dem Teufel missfiel der Stephansdom, und er versuchte mit einem mächtigen geschmiedeten Blitzstrahl die Kirche zu zerstören. Des Teufels Kräfte konnten aber nicht viel ausrichten, denn das Gotteshaus war geweiht, und man hatte – gemäß dem Glauben der damaligen Zeit – Hirschgeweihe auf die obersten Steinrosetten gesetzt. Sie sollten *„des wilden Feuers und Donners dienlich sein"*, also heiligen Blitzschutz gewähren. In dem Buch „Geschichten, Sagen und Merkwürdigkeiten aus Wiens Vorzeit" aus dem Jahr 1846 von „Realis" (er hieß in Wahrheit Gerhard Cockelberghe-Duetzele) findet sich eine Schilderung des Ereignisses, das man ehemals im Aberglauben mit dem Teufel in Verbindung gebracht hat:

Um 1551 wurden auf die oberen acht Spitzen des Stephansturmes Hirschgeweihe als Abwehrmittel gegen das Einschlagen des Blitzes gesetzt. Es herrschte damals allgemein der Glaube, dass noch nie ein Hirsch vom Blitze getroffen worden sei. Man hielt sein Geweih daher für ein Verwahrungsmittel wider den Blitzstrahl. Dies beweist eine von Geusau mitgeteilte Urkunde vom 2. Oktober 1551 folgenden Inhalts: *„Bürgermeisters und Rats Befehl an Herrn Christoph Enzianer, des inneren Rates Oberstadtkämmerer, dem Herrn Obersten Jägermeister der niederösterreichischen Lande, Herrn Erasmen von Lichtenstein zu Karnaydt ein Dreyling guten Most in drein Vaslein im Namen gemeiner Stadt zu verehren. Nachdem dieser acht Hirschen-Gestiemk gutwillig gegeben, welche auf den St. Stephans-Turm oben auf die acht Schaft oder Eck aufgemacht worden, die für die Einschlagung des wilden Feuers und Donners dienstlich sein sollen."*

Wahrscheinlich geschah dieses, weil 1449 der Blitz den Sankt-Stephans-Turm angezündet und vollständig verbrannt hatte. Dieser Glaube ist der wahre Grund, warum vormals Hirschgeweihe auf die Dachspitzen der Häuser und Türme, unter anderem auch auf den Widmerturm der k.k. Burg von Leopold I., angebracht wurden.

Erwähnen möchte ich an dieser Stelle, dass auch ein an den Dachgiebel montiertes Hirschgeweih die Fischerei- und Jagdhäuser Kaiser Maximilians auf der Langen Wiese bei Innsbruck und am Achensee schmückte. Die Geweihe am Stephansdom entfernte man übrigens erst 1840, was zeigt, wie sehr Volksaberglauben verwurzelt sein kann. Ich nehme auch an, dass die heute noch im Alpenraum an alten Dachgiebeln zu findenden Hirschgeweihe einst als Blitzschutz und vor allem als Abweiser alles Bösen galten.

Übrigens: Eines der Hirschgeweihe des Stephansdomes fand in künstlerisch abgewandelter Form sogar den Weg ins Museum, was die Wertschätzung des Materials „Geweih" noch unterstreicht. Unter den Schätzen des ehemaligen von Dr. h.c. Carl Adolf Vogel errichteten privaten Jagdmuseums in Fuschl bei Salzburg entdeckte ich an einem Exponat folgenden Hinweis:

„Hirschgeweih-Pfeife mit Rose, am Kopf geschnitzte Laubbäume, zwischen Hals und Deckel eine ruhende Eidechse. Auf dem Silberdeckel ein aus Horn geschnitzter Hund. Das Rohr ist ebenfalls mit prächtigen Schnitzereien geziert. Eine Aufschrift lautet: *Dieses Hirschgeweihe wurde bey Erbauung des Stephans Turms auf selben angebracht, im Jahre 1810 herabgenommen und in diese Tabakspfeife für den Magistrath Joh. IG. Heyss verarbeitet.*"

Das Geweih – Rohmaterial mit Seelenstoff

Über den Ursprung und die Bedeutung des Wortes „Geweih" – in der alten Literatur auch als *Geäst*, *Gehörn*, *Geweiht*, *Geweye*, *Gewicht*, *Gewichte*, *Gezierde*, *Gezinde*, *Gewie, Gestiemk* oder *Gestemb* bezeichnet – ist bis heute noch keine eindeutige Verständigung erzielt worden. Die meisten neigen der Auffassung zu, dass sich „Geweih" vom alten Wort *wigan* ableitet, was so viel wie „kämpfen, streiten" heißt.

Der Hirsch war allein schon aufgrund seines beeindruckenden Kopfschmuckes bei vielen Völkern das Idealbild übernatürlicher Stärke. Sein Geweih war für die frühe Menschheit greifbarer Ausdruck konzentrierter Kraftentfaltung. Aber es ging hier auch um durchaus Handfestes. Ich vermute, dass der erste Pflug der Jungsteinzeit aus der Stange eines starken Hirsches bestand. Oder denken wir an die gewaltigen Mengen von Geweihhacken, die man für den Feuersteinabbau benötigte und die man bei Grabungen fand. Besonders gut untersucht sind die Funde aus der Jungsteinzeit im Bergwerk Grimes Graves, welches ganz Südengland mit dem wertvollen Flint versorgte. Übrigens vermuten manche Wissenschaftler, dass die dort abgenutzten und unbrauchbar gewordenen Geweihpickel nicht einfach weggeworfen wurden. Sie wurden „begraben", in dem Monument belassen, um die Minen zu schützen, wo man mit ihnen gegraben hatte. Die Einheit von Werkzeug und dem mit ihm Geschaffenen spielte bei vielen Völkern eine große Rolle.

Geweihe – Rohstoff und Seelenstoff.
Der Hirsch entledigt sich im Februar – im „Hornmond“ – seines Geweihes und schenkt es dem Menschen für Werkzeug und Schmuck.

Außerdem galten Geweihe als Verkörperung der Fruchtbarkeit, des alljährlich sich erneuernden Lebens. Die periodisch sich wiederholende Geweihbildung bei den Hirschartigen, bei denen Knochensubstanz aufgebaut wird, danach abstirbt, abgestoßen wird und sich gleich wieder neu bildet, ist in physiologischer Hinsicht eine einmalige Erscheinung in der Tierwelt. Es ist kein Wunder, dass diesem Vorgang seit Urzeiten große Aufmerksamkeit entgegengebracht wurde, und nicht nur von den Jägern. Es entstanden im Laufe der Jahrhunderte zahlreiche Hypothesen darüber und über die Bedeutung des Geweihes. So meinte der vor 2.500 Jahren lebende griechische Philosoph Demokrit, dass Geweihe durch eine Übersättigung des Blutes mit Nährstoffen entstehen. Im 18. Jahrhundert behauptete der französische Naturforscher Buffon, dass die Geweihe eine Pflanzenart und somit ein dem Körper fremdes Gewächs seien. Vielleicht liegt dieser Sinngehalt auch den Deutungen der rätselhaften Einwachsungen von Hirschgeweihen in Eichenstämme zugrunde, von denen ich in diesem Zusammenhang berichten möchte.

Umwachsene Hirschgeweihe – Kuriositäten der Kunst- und Wunderkammern des 16. und 17. Jahrhunderts

Für die Wissenschaft und Bildung in der Renaissance spielten die sogenannten Kunst- und Wunderkammern eine bedeutende Rolle. Ich möchte sie als Vorläufer unserer Museen bezeichnen, in denen Zeugnisse von Wundern der Natur und der Kunstfertigkeit des Menschen zusammengetragen wurden. Eine der bekanntesten Kunstkammern ist die von Erzherzog Ferdinand II. in Schloss Ambras, Innsbruck. Bereits in einem Nachlass-Inventar von 1596 wird das Geweih eines 22-Enders beschrieben, ein *„gewaltig hirschgestemb, so durch ain aichenpaumb gewaxen“*.

Aus europäischen Sammlungen sind insgesamt sieben umwachsene Hirschgeweihe bekannt. Neben demjenigen in Ambras gibt es Exemplare in Kopenhagen und Horsholm (Dänemark), in Berlin und München, die sich in die Zeit vom 15. bis zum 17. Jahrhundert zurückverfolgen lassen. Sinn und Zweck dieser eingewachsenen Geweihe ist bis heute nicht klar, es gibt aber bereits in alter Zeit Deutungsversuche. So vermutet Philipp Haushofer 1628 vom Ambraser Hirsch, dass *„eine schneelehne den Hirsch zerschlagen vnd so stark in die erden getrucket habe, das wurtzel vnd holtz darüber zusammengewachsen“*. Etwa hundert Jahre später glaubt Georg Keyssler, dass *„ein alter oder tödtlich verwundeter Hirsch den Kopf auf einen jungen Baum gelegt, daselbst gestorben, und mit der Zeit der Baum über und um diesen Kopf zu einem starken Stamm erwachsen“* sei.

Dass ein Baum einen toten Gegenstand umwächst, das ist ja ein allgemein bekanntes Phänomen. In Böhmen soll es bis ins 19. Jahrhundert noch üblich gewesen sein, Jagdgrenzen mit in Astgabeln gehängten Trophäen zu markieren. Dabei könnten solche Umwachsungen entstehen. Leider finden sich aber bis zum heutigen Tage keine eindeutigen Belege dafür. Es scheint mir auch, ehrlich gesagt, nicht sehr glaubhaft. Warum sollte die

Herrschaft starke oder gar kapitale Geweihe nicht mitgenommen haben? Dazu kommt, dass das „Hirschhorn“ ein wertvolles und überaus begehrtes Material zur Herstellung von Werkzeugen, Griffen und Einlegearbeiten war. Außerdem zählte es in pulverisierter Form damals zu den Heilmitteln.

Könnte es sich bei den umwachsenen Geweihen um Objekte aus dem Bereich des Aberglaubens, der Magie und der Zauberei handeln? Die Frage stellte ich mir jedes Mal, wenn mir während meiner Museumsarbeit in München die beiden Eichenstämme mit den eingewachsenen Geweihen in die Hände kamen. Über vage Vermutungen kam ich allerdings hier nie hinaus. Vielleicht findet eines Tages ein Leser den Schlüssel zur Beantwortung der Frage. Entstanden sind diese wunderlichen Objekte nachweislich einerseits in der Zeit der großen Entdeckungen und am Beginn der exakten Naturwissenschaften, aber sie reichen auch noch in die Zeit der finsteren Mächte, der Teufel, der Hexen und der Geister zurück.

Die Waffen gefährlicher und starker Tiere galten seit alters her als Projektionsorte der Kraft. Durch das Anbringen an bevorzugter Stelle sollte die Kraft auf den Ort übertragen werden. Das Abwerfen des Geweihes wurde in zahlreichen Kulturen als Geschenk des Hirsches gesehen, als eine Entäußerung seiner Waffe an den Menschen. Die jährliche Erneuerung im Bastgeweih stand in Analogie zum Lebensbaum. So will mir in diesem Zusammenhang unser Objekt als das Bildnis eines sprießenden Geweih- und Lebensbaumes nicht so abwegig erscheinen.

Nach einer mehr rationalen und naturkundlichen Vorstellung ließe sich das Gebilde, das „Gewächs“, sogar in eine Analogie zur Pfropfung eines Baumes bringen. Wie beim Einsetzen eines lebenden jungen Triebes, könnte ein Bastgeweih zum Zwecke seines Einwachsens aufgepfropft worden sein. Nur auf den ersten Blick mag das abwegig erscheinen! Jedoch noch zu Zeiten des großen Naturforschers Georges L. L. Buffon (1707 bis 1788) herrschten über die Natur und Entstehung des Hirschgeweihes

Umwachsenes Hirschgeweih.

Sind sie Objekte aus dem Bereich des Aberglaubens, der Magie und Zauberei? Oder Bildnis eines sprießenden Geweih- und Lebensbaumes? Man weiß es nicht genau – bis heute.

Vorstellungen, die uns Heutige befremden. Buffon schreibt in seiner „Histoire naturelle" von 1756:

> Das Hirschgeweih keimt, wächst und gestaltet sich wie Holz eines Baumes; seine Bestandteile sind vielleicht weniger knochig als holzig; es ist so zu sagen ein auf ein Tier eingeimpftes Gewächs ... Der Hirsch, der nur im Gehölze wohnt und sich nur von Baumsprossen ernährt, empfängt einen so starken Einfluss vom Holze, dass er selbst eine Art von Holz hervorbringt ... Das Geweih ist demnach am Hirsche ein hinzutretender und so zu sagen dem Körper fremdartiger Teil, ein Erzeugnis, das nur darum als tierischer Teil betrachtet wird, weil es auf einem Tier wächst, das aber wirklich pflanzenartig ist, da es die Eigentümlichkeiten der Pflanze, von welcher es ursprünglich herstammt, beibehält ... Der Name selbst, den man ihm in der französischen Sprache gibt, *bois* nämlich, Holz, beweist, dass man dieses Erzeugnis als ein Holz angesehen hat und nicht als ein Horn, einen Knochen, einen Hauer, einen Zahn, usw.

Zugegebenermaßen handelt es sich bei mancher Erklärung zu den eingewachsenen Hirschgeweihen um recht wilde Spekulationen. Aber solange uns zeitgenössische Quellen und verlässliche Überlieferungen fehlen, bleiben wir bei der Erklärung dieser Kuriositäten auf Vermutungen angewiesen.

Der Löser – Arbeitsgerät von der Steinzeit bis heute

Hirschgeweihe dienten in den Bergwerken der Steinzeit als Pickel zum Abbau der Feuersteinknollen oder -platten. Sie waren vor der Erfindung des Metalls der wertvollste Rohstoff, der wertvollste Teil des Hirsches. Härter als Holz und elastischer als Stein waren Geweihstangen auch den Körperknochen überlegen. Außerdem lässt sich Geweih nach einigen Tagen im Wasser gut bearbeiten und erlangt nach der Trocknung seine ursprüngliche Härte wieder. Bis zum Ende der Eiszeit waren es Rentiergeweihe gewesen, aus denen man Spitzhacken, Brechstangen, Hämmer und andere Geräte fertigte. Mit der Klimaerwärmung verkleinerte sich das Verbreitungsgebiet des Rentiers, und jenes des Rotwildes vergrößerte sich. So wird ab der Mittelsteinzeit das Rothirschgeweih das Werkzeug der Wahl.

Vor allem sind es jetzt die – mit Hilfe einer mit Sand behafteten Schnur – abgesägten Geweihsprossen, die man bei Ausgrabungen findet. Es waren Allzweckgeräte. Die volkskundlichen Sammlungen haben sie als „Seiler- und Korbflechter-Instrument" erfasst. Vor allem aber wurden sie zum Abhäuten von Tieren verwendet, zum Aus-der-Decke-Schlagen. Gegenüber dem Messer hatte das Gerät beim Abhäuten den Vorteil, dass durch die abgerundete Spitze und Politur beim Abhäuten weder die Decke noch das Wildbret beschädigt wurden.

Als Jäger war mir die Bezeichnung der Volkskundler für dieses Universalgerät nicht aussagekräftig genug. Daher benenne ich

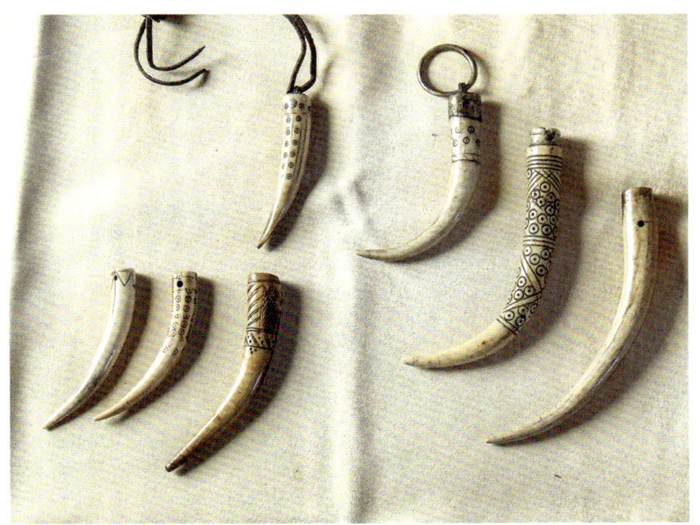

Verschiedene Löser mit Gravierungen aus Tirol und Bayern. Auffällig ist der oft eingravierte schwarze Augenkreis, den man seit der Bronzezeit auf vielen Amuletten bzw. Gebrauchs- und Kunstgegenständen findet. Es ist das Zeichen gegen den „Bösen Blick“.

diese polierten Geweihenden mit ihrer zahnschmelz-ähnlichen Oberfläche lieber mit der alten Bezeichnung als „Löser“. Man bediente sich dieses Lösers auch, wenn sich Hunde oder Pferde in ihren Leinen oder Geschirren verheddert hatten. Daneben wurden sie als Werkzeug zur Herstellung von Jagdnetzen und zum Spleißen von Seilen gebraucht.

In Heinrich Wilhelm Döbels „Jäger-Practica“ von 1746 wird der Löser als Werkzeug zum Anfertigen von Leinen genannt: *„Hierauf nimm einen Schafft von einer Leine, und flechte selbigen gegen und in der anderen Leine zwischen zwey Säffte feste hinein, so weit es lang ist, und die Spitze stich alsdenn quer durch die Leinen durch, da man vorher mit einem spitzigen und runden Eisen oder Loser vorgebohret hat.“*

Dass der Löser als Seiler- und Fuhrmannswerkzeug zum Herstellen der Jagdnetze und zum Spleißen der Seile und Leinen schon viel früher Verwendung fand, beweist ein Ausspruch von Hans Sachs (1560): *„Mein nasen gäb ein guten spundt für ein rüßne flaschen oder ein löser an ein furmanstaschen, handtföllig iß."*

Ich besitze selbst einige dieser – wie Schmuckstücke – fein mit Ornamenten geschmückten Geweihenden aus dem Alpenraum. Da manche meiner überaus sauber polierten Objekte auch das bekannte Augenornament haben – Kreise mit jeweils einem Punkt in der Mitte –, forschte ich weiter: Durch das Auge wirkt die Kraft des Menschen und des Tieres. Vom Auge geht nach alter Meinung der beabsichtigte oder unbewusste Schadenzauber des „Bösen Blickes" aus. Auch als „Böses Auge" bekannt, versteht man darunter die Fähigkeit bestimmter Menschen, durch bloßes Ansehen ihrer Mitmenschen, aber auch von Tieren oder Pflanzen, Schaden, Krankheit und sogar den Tod anzuhexen. Nach dem Satz „contraria contrariis" gehören Augendarstellungen in den Amulettbereich und gelten im Aberglauben als wirksame Abwehrmittel. Aber dies nur nebenbei.

Auf der Suche nach dem weiteren Verwendungszweck dieser angenehm-handlichen Objekte, fand ich eine Veröffentlichung in einem Ausstellungskatalog, in dem der Autor schreibt:

> Die schönsten Exemplare (vom Löser) schmücken schließlich das Charivari (französisch für „Spektakel", „Durcheinander"), einen Trachtenschmuck in Form einer Bauchkette, an die Münzen, kleine Jagdtrophäen, Fetische und Glücksbringer gehängt wurden und die man zur Lederhose trug. *(Siehe auch Seite 96ff.)*

Gut gemeint, doch nicht genau beobachtet, lieber Schreiber, denn alle diese Geweihenden sind zu groß und zu schwer und hätten jede Uhrenkette gesprengt! Beim Löser handelte es sich ausschließlich um ein Arbeitsgerät, das sogar heute noch Verwendung findet. Der Hersteller oder auch Besitzer hat es nur manchmal – zur Abwehr des Bösen – mit amulettwertiger Ornamentik verziert. Spätere Generationen setzten mit dem gleichen Zweck religiöse Symbole auf ihr Handwerkszeug, wie man sie manchmal auf bäuerlichem Gerät finden kann.

Den Löser möchte ich gerne als das in natürlicher Form bestehende und am längsten in Gebrauch stehende Werkzeug der Menschheit betrachten. Noch heute werden mit ihm, in unveränderter Form, Seile gespleißt. Mancher Tiroler Bergbauer möchte ihn beim Herstellen von aus zwei Fichtenästen gedrehten Holzreifen für die Zaunherstellung nicht missen. Die Flößerknechte an den Gebirgsflüssen fertigen ebenfalls die aus über einem Feuer elastisch gemachten Holzreifen. Diese sogenannten „Wieden" (junge Weiden, Tannen- oder Fichtenstämmchen) dienen noch heute zur Verankerung des Ruders beim Floß. Mit dem Löser werden im zähen hölzernen Flechtwerk Öffnungen geschaffen, in denen man die Enden der Äste verankert. Auch bei der Korbflechterei findet dieses Gerät aus Hirschgeweih noch Verwendung.

Das Herzkreuz – einst magisches Rüstmittel und Medizin

Jäger sind eifrige Sammler, zumindest, was die Trophäen des erlegten Wildes betrifft. Sie stehen damit in einer uralten Tradition, die weit in die Menschheitsgeschichte zurückreicht und manche Wurzel in der Steinzeit hat. Auch ich bin natürlich leidenschaftlicher Sammler von Erinnerungsstücken, wie Haaren, Federn, Knochen, Zähnen, Abnormitäten und Geweihen. Mein Beruf brachte es außerdem mit sich, dass ich mich intensiver mit diesen Objekten beschäftigte, die – wie wir wissen – in alten Zeiten eine „magische Rüstung" darstellten. Im Bewusstsein seiner Gefährdung in der Welt und in der Sorge um Heilung und Heiligung hat der Mensch stets nach Schutzmitteln gesucht.

Das „Herzkreutzl"

Eines der bekanntesten Gebilde für Jäger-Sammler ist der „Herzknochen", auch „Herzkreuz" genannt. Wie ich nachlesen konnte, kam es in Salzburg unter dem Erzbischof Guidobald von Thun (1616 bis 1668) zur Gründung einer Steinwildapotheke, und es erging zugleich strengster Befehl an die bischöflichen Jäger zur Ablieferung von Herzkreuzchen von Steinbock, Gams und Hirsch. Neben dem Steinbock sah man vor allem gerade auch im Hirsch ein Heils-Tier. Darüber gleich mehr.

Der freundliche Hirsch in der Mythologie

Das Bild des von freundlichen Hirschen umgebenen Heiligen ist sehr viel älter als das Christentum und in vielen Religionen anzutreffen. In den vorgeschichtlichen Religionen Westeuropas erscheint der Herr der Tiere als der geweihtragende Hirschgott, den die Kelten „Cernunnos" nannten und auf Münzen und in Kunstwerken darstellten. Eine der herausragenden Darstellungen findet sich auf einem aus einem Torfmoor in Dänemark geborgenen Weihkessel. Er ist auf das erste vorchristliche Jahrhundert datiert und zeigt den sitzenden Cernunnos mit übergeschlagenen Beinen, flankiert von verschiedenen Tieren, darunter ein majestätischer Sechzehnender. Diese Szene erinnert sehr an die Industal-Siegel, die einen Ur-Schiwa als gehörnte Gestalt darstellen, die mit übergeschlagenen Beinen im Kreis tierischer Begleiter sitzt. Obwohl die Darstellung dieses gehörnten Gottes aus dem alten Indien wenigstens zweitausend Jahre älter ist als die aus Westeuropa, könnten beide eine gemeinsame Wurzel

Cernunnos, der Herr der Tiere. Der geweihtragende Hirschgott sitzt mit übergeschlagenen Beinen und wird von Tieren flankiert.

Gotische Fliese aus dem Zisterzienser-Kloster Zwettl.
Die Fliese zeigt einen Hirsch mit dem Lebenskraut im Äser. Es ist dies eine sehr frühe Darstellung des Hirsches mit dem Dreiblatt.

haben, die weit in die Vorgeschichte zurückreicht. Leider ist es sehr schwer, die zahlreichen Ausgrabungsfunde zu entschlüsseln – Artefakte aus Geweih, Gravierungen auf Knochen, auf Felswänden und vor allem die großartigen Höhlenmalereien mit Cerviden-Motiven der Altsteinzeit. Ich vermute aber, dass dem allen ein tief im Menschen verankerter Jagd- und Fruchtbarkeitsritus zugrundeliegt, auf den ich an anderer Stelle noch eingehe.

In der germanischen Mythologie galt der Hirsch in kosmischer Bindung als Zugtier des Sonnenwagens. Das goldene Geweih der Keryneiischen Hirschkuh (dritte Tat des Herakles) deutet in die Richtung der Lichtgestalt, wie wir sie aus der Eustachius- und Hubertuslegende kennen. Die Erneuerung des knospenden Bastgeweihes ist eine Analogie zum Lebensbaum. Als Begleiter der Jagdheiligen bleibt der Hirsch mystisch verklärt und Christus als Spender des ewigen Lebens verbunden. Er kennt das Lebenskraut und trägt auf vielen Bildzeugnissen der Volkskunst das Dreiblatt oder die Lebenswurzel im Äser. Dieses Motiv geht auf den „Physiologus Bestiarius“ zurück. Gerade beim Hirsch wirken richtungsgebend antike Traditionen bis in jüngste Jahrhunderte nach. Seit der Antike bestand eine festgefügte Lehre, wie neben Edelsteinen und Pflanzen auch tierische Produkte bei Heilungen oder auch als Amulett und Talisman eingesetzt werden konnten. In all diesen Objekten sah man die volle integrierte Kraft der Tiere zum medizinischen und Amulettgebrauch. Aus dem ebenso seltenen, wie für den heutigen Leser amüsanten medizinischen Hirscharzneibuch von Johann Georg Agricola, *„Gedruckt und verlegt zu Amberg durch Michael Forstern, im Jahre 1617"*, erfahren wir Genaueres. Welche Wunder zum Beispiel das „Hirsch Creutz" oder „Beinlein" verrichten kann, wenn man die Rezepturen beachtet, das wird genau beschrieben. Die Skala seiner Heilkraft reicht von den einfachsten Kinderkrankheiten über die unglaublichsten *„Herzbeschwerungen"* wie den *„nagenden Herzwurmb"* bis zu schwersten psychischen Leiden.

Ehe ich jetzt beschreibe, wie der Jäger heute schnell das Herzkreuz findet, noch eine Wundermedizin Agricolas:

> Nimb ein Hirschkreutz von einem kleinen Hirsch
> thu es in ein kleins Dockenhäfelein
> decks mit einem Deckelin zu
> setze es in ein Glut
> biß das Creutz gar schwartz wird
> so geuß ein Tropffen Rosenwasser darauff
> setzs wider in die Glut
> und laß darinn
> biß es wider gar schwartz wird
> so läst es sich stossen
> unnd wird ein Aschenfarb Pulver darauß
> das mach gar rein und zart: Nimb dann Ungerisch Gold
> bereite Perlen/ Eichinmistel/ Birenmistel
> eins so viel als deß anderen: Mischs wol under einander
> ohn das Hirschkreutz
> dessen sol so viel seyn
> als der anderen aller mit einander
> mischs auch darunder. Gibs dem Kind
> so bald es gebohren wird
> inn einem Löffel voll Süßmandelöls eyn
> oder in einem waich gebratnen Apffel.

n einigen gemeinen Theilen des Hirſches als
n Hirſch-Unſchlitt / MEDULLA und PRIA-
) Cervi gar nichts melden will.

Jetzo nur derjenigen Stücken / ſo in den Ma-
al-Kammern insgemein darvon gefunden
rden / mit wenigem zugedencken / iſt erſtlich
bekandte Hirſch-Geweyhe oder

CORNU CERVI

nter deſſen Præparatis iſt das philoſophiſch cal-
irte Hirſch-Horn oder

CORNU CERVI PHILOSOPHICI
CALCINATUM

r berühmt / und wird auff zweyerley Weiß
nacht / 1. Wann man die Spitzen von den
ſchgewichten durchbohret / einfädemt und
nn man die Wäſſer deſtilliret / oben in den
m hänget / welches ohnvergleichlich beſſer
/ wan man es bey Deſtillirung der Schar-
s-Kräuter / als Cochlear Naſt. &c. einhän-
/ daß ſich deren flüchtige Saltz mit dem CC.
einigt. 2. Wann man das CC. nur ſo lang

BEZOAR CERVINUM

welche wie der occidentaliſche Bezoar in deren
Magen oder Gedärme der [...]irſchen wachſen /
gebraucht / dergleichen S[...]ner Fauſt groß
ohnlängſt bey einem o[...]eund geſehen /
welcher äuſſerlich w[...]uſſen und aus
vielen übereinan[...]gewachſenen Blättlein /
wie die Bezoar-[...]n / zuſammen geſetzt war.
Ferner gehören auch die Hirtz-kreutzlein oder

OSSA DE CORDE CERVI

zu denen Materialien / welche in dem Hertzen
der alten Hirſchen gefunden werden / aus den
erhärtenden fibris oder Fäſerlein / welche oben
umb die groſſe Pulß-Ader geſetzet ſind / beſte-
hen / und wann ſolche zu Knorbel oder endlich
gar zu Bein werden / wie ein Kreutzgen an-
zuſehen ſind / wie ſolche vom Ulyſſe Aldrovan-
do in Hiſt. Quadrup und Paralipom. abgeriſſen
und beſchrieben ſind; kommen meiſtens aus
Italien / und werden nach dem 1000 ver-
kaufft / wie Schurzius in ſeiner Material
Kammer pag. 67. berichtet. Sie müſſen ſchon

Ein lieber Talisman – das Herzkreuz von einem Hirsch. Das kleine Wunderding liegt auf der entsprechenden Seite des aufgeschlagenen Buches von Johann Georg Agricola.

Bei aller Begeisterung für ausgefallene Bräuche und verlorengegangene Jagdtraditionen, ausprobiert habe ich dieses Rezept bei meinen Kindern nicht! Das Herzkreuz ausgelöst habe ich hingegen schon des Öfteren: um es als kleine Trophäe aufzubewahren, als Schmuckstück einem lieben Menschen zu schenken oder um es als Talisman im Geldbeutel zu haben. „Hilft‘s nix, so schadts a nix!“, pflegt man in Bayern zu sagen.

Ehrfürchtige Gefühle, manchmal sogar religiöse Verzückung gegenüber Hirschen werden auch noch heute von den unterschiedlichsten Menschen geteilt und zum Ausdruck gebracht. So wird zum Beispiel die starke symbolische Bedeutung des großen Geweihträgers in einer beiläufigen Bemerkung des radikalen Tierrechtlers Cleveland Amory ersichtlich. 1982 protestierte er gegen den offiziell angeordneten Abschuss von Weißwedelhirschen zur Populationskontrolle: *„Wenn einige dieser Fisch- und Wildbehördler in den Himmel kommen – falls sie dahin kommen –, was ich bezweifle, werden sie sich ganz schön wundern, wenn sie fest-*

stellen, dass Gott ein Hirsch ist." (Quelle: Tod im Morgengrauen von Matt Cartmill)

Wie Suche, Herauslösen und Säubern des Herzknochens beim Hirsch oder Steinbock erfolgen, soll nun kurz beschrieben werden:

1. Das Herz so legen, dass die Aorta nach rechts zeigt.
2. Eine flache Scheibe längs abschärfen. Das Messer knapp am Eintritt der Aorta in das Herz ansetzen.
3. Mit Zeige- und Mittelfinger in den oberen Teil der Herzkammer hineintasten – und, mit dem Daumen obenauf, lassen sich das knorpelige Gewebe und der Knochen ertasten. Sie liegen knapp unter dem Rand der Aorta.
4. Das herausgeschärfte Gewebe auskochen, den Knochen herauslösen, Fleisch und Knorpelteile mit dem Messer abschaben.
5. Das „Herzkreuz" mit Wasserstoffperoxid bleichen.

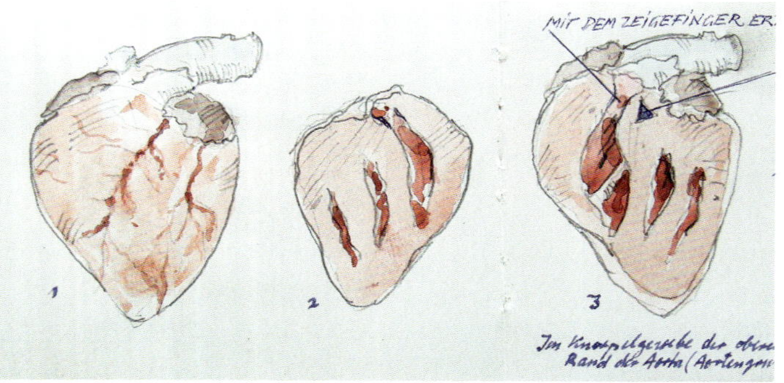

So gewinnt man das Herzkreuz.
Ob es aber wirklich gegen den „nagenden Herzwurmb" hilft?

Die Hirschgrandeln – begehrte Jagdtrophäe und Liebesamulett der Steinzeitjäger

Für die meisten Jäger im deutschsprachigen Raum ist natürlich das Geweih des Hirsches eine der begehrtesten Trophäen bei der Jagd überhaupt. Aber auch die Grandeln – die Eckzähne im Oberkiefer – üben auf uns Jäger einen fast magischen Reiz aus, obwohl sie klein und für den Laien unscheinbar sind. Sie werden auch nach alter, vielleicht sogar uralter Tradition noch am Erlegungsort fachkundig ausgebrochen, sicher eingewickelt und verstaut. Nach der Jagd zu Hause angekommen, gilt ihnen mein größtes Augenmerk. Mit dem Messer werden die Reste von Fleisch entfernt, dann kommen sie zum Wässern in ein Glas. Nach einigen Stunden trockne ich sie ab, poliere kurz ihren Schmelz an meiner Kleidung und bewundere ihren feinen Glanz, den nur der Lüster einer Flussperle übertrifft. Je nach dem Alter des Hirsches oder Tieres ist der „Brand" unterschiedlich, also die Braunfärbung.

Es liegt schon viele Jahre zurück, als mich ein Erlebnis auf der Hirschjagd im Schottischen Hochland auf den Gedanken brachte, dem Grandel-Brauchtum auf die Spur zu kommen. Mit Erstaunen beobachtete damals mein Begleiter, ein einheimischer Schäfer, wie ich dem erlegten Hirsch die Eckzähne ausbrach, grob reinigte und sorgsam in einem Taschentuch verwahrte. „Warum nimmst du nicht die Backenzähne, die scheinen mir als Trophäe doch attraktiver?", meinte mit verständnislosem Kopfschütteln und Lachen der Schotte. – Ja, wie ist es möglich, dass ein so kleiner, unscheinbarer, manchmal dunkelbrauner Zahn so große Bedeutung für uns Jäger hat? – Über Jahrtausende sah der Mensch den Hirsch als Heils-Tier, voll urgewaltiger spiritueller Kraft, die der Mensch in vielfältiger Weise auf sich zu projizieren suchte. Heute gehören die in Gold oder Silber gefassten Grandeln, auch als *Granen*, *Gränen*, *Bohnen*, *Haken*, *Kusen* oder *Kufen* bezeichnet, zum beliebtesten Jagdschmuck. Sogar im fernen

Hirschgrandeln – Zähne mit hohem Symbolgehalt.

Nicht nur in unseren Breiten waren und sind Grandeln begehrt, sondern auch in Amerika. Die links abgebildete Schwarzfuß-Indianerin trägt auf ihrem Kleid Grandel-Schmuck von Wapiti-Hirschen. Diese Grandeln – 80 Stück – sind auf Brust- und Rückenteil genäht oder hängen an Lederschnüren herab.

Amerika trugen die Prärie- und Plains-Indianerinnen Wapiti-Grandeln an Schnüren oder nähten sie auf ihre Lederkleidung.

Lassen wir uns von Johann Matthäus Bechstein in seinem „Vollständigen Handbuch der Jagdwissenschaft" von 1806 belehren: *„Die Eckzähne sind aus Aberglaube ein Amulett geworden und sehen, in Ringe gefasst, nicht übel aus."* C. A. von Schulenburg schrieb noch 1882: *„Man trägt Hirschhaken als Amulette, um sich vor Schlangenbissen und anderen Übeln zu schützen"*. Es scheint, dass uralter Aberglaube vielfach in jagdlichem Brauchtum verpackt ist.

Sicher sahen auch unsere altsteinzeitlichen Vorfahren in den bräunlich schimmernden Grandeln des Hirsches mehr als eine Trophäe. Zwei aneinandergelegte Grandeln rufen spontan den Eindruck weiblicher Brüste hervor. So vermute ich, dass uns die unverwechselbare Form des Zahnes auf der Suche nach der

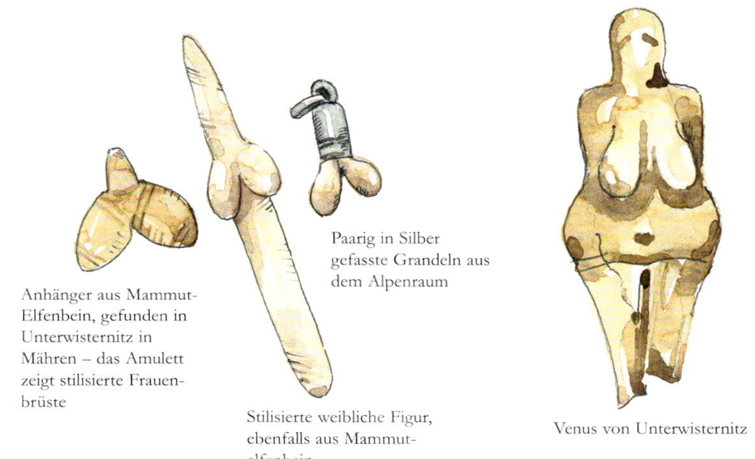

Anhänger aus Mammut-Elfenbein, gefunden in Unterwisternitz in Mähren – das Amulett zeigt stilisierte Frauenbrüste

Paarig in Silber gefasste Grandeln aus dem Alpenraum

Stilisierte weibliche Figur, ebenfalls aus Mammutelfenbein

Venus von Unterwisternitz

Was bedeuteten aneinandergelegte Grandeln ursprünglich?
Die Funde aus alter Zeit zeigen, dass die Darstellung der weiblichen Brüste dem Menschen damals sehr wichtig war. Mit den Brüsten verband man Weiblichkeit und Fruchtbarkeit. Aneinandergelegte Grandeln erinnern frappant an weibliche Brüste. Waren sie also ein erotisches Amulett?

ursprünglichen Bedeutung dieses Amuletts weiterhelfen kann. In Unterwisternitz, wie auch im benachbarten Pavlov (Mähren), wurden Lagerplätze von Mammutjägern mit bemerkenswerten Anhängern und Kleinplastiken ausgegraben. Alle diese Brustanhänger und Venusfigürchen, vor mehr als 20.000 Jahren aus Elfenbein gefertigt, zeigen, wie wichtig die Darstellung der weiblichen Brust damals war. Der Steinzeitkünstler war ein Meister der Vereinfachung und des Weglassens, es kam ihm nur auf das Wesentliche an, den Symbolcharakter. Später, als durch den Klimawandel der Hirsch Jagdwild wird, erkennt er in dessen Eckzähnen das ihm durch die Natur „geschenkte“ ideale Symbol des Weiblichen und der Fruchtbarkeit. Bei der Spurensuche und meiner Theorie, dass es sich bei den Hirschgrandeln um so etwas wie ein erotisches Amulett handeln könnte, stieß

Erlesener Grandelschmuck. Um 1900 machte Kaiser Wilhelm II. seiner Gemahlin Auguste Victoria diesen aus Hirschgrandeln, Rubinen, Smaragden und Brillanten gefertigten Jagdschmuck zum Geschenk.

ich auf eine ganze Reihe von Belegen, die alle in die gleiche Richtung weisen.

Besonders eindrucksvoll sind die Funde aus der Offnethöhle bei Nördlingen. Fast 300 gelochte Hirschgrandeln – heute wohlverwahrt in der Prähistorischen Staatssammlung München – lagen um die Schädel von neun Frauen. In Ocker und Asche hatte man sie vor rund 10.000 Jahren in der Höhle beigesetzt. Dass man den Erlegern der Hirsche, sie waren mit vier Schädeln im Fundbestand vertreten, nur Steinwerkzeuge zu den Köpfen legte, verstärkt meine Vermutung, die Zähne als reinen Frauenschmuck und Amulett zu sehen, nicht als Jagdtrophäe.

Ein weiterer altsteinzeitlicher Fund einer jungen Frau ist aus Frankreich bekannt. Er unterstreicht die Bedeutung der Grandeln als beliebten Frauenschmuck der Steinzeit. 70 Grandeln, 44 davon mit sorgfältigen Gravierungen, lagen in der Halsgegend der Steinzeitdame von Saint-Germain-La-Riviere (Département Gironde). Leider ist es für uns heute kaum möglich, das alltägliche Leben oder die Gedankenwelt eiszeitlicher und früher Jägerkulturen nachzuvollziehen. Doch vielleicht sind die Liebesringe und der

Hals- und Ohrschmuck mit gefassten Grandeln des 19. und 20. Jahrhunderts aus dem Alpenraum ein Nachklang dieser uralten Traditionen. Jeder, der sich heute mit den Grandeln schmückt, sollte sich vergegenwärtigen, dass er da vielleicht viel mehr als nur die Eckzähne eines Rothirsches mit sich herumträgt.

Beim Herzkreuzel sind wir dem Glauben an die Heilswirkung von Tieren begegnet und bei den Grandeln an Fruchtbarkeitssymbole geraten. Grund genug, sich kurz mit dem Heilaberglauben sowie Amuletten, Talismanen und Fetischen zu beschäftigen.

Tiere als Heilkünstler

Pflanzen und vor allem Tiere spielen in der Urheilkunde eine bedeutende Rolle, und der Glaube daran lebt bis in unsere Zeit mancherorts fort. Heute ist es für den gebildeten und aufgeklärten Menschen kaum vorstellbar, dass Teile von Tieren nicht nur als Jagdtrophäen oder Amulette angesehen wurden, sondern als unentbehrliche Heilmittel.

Vor allem dem Blut und den Fetten, wenn sie von Jagdtieren stammten, galt die größte Wertschätzung. Blut wurde, möglichst noch warm, zur Stärkung und gegen Schwindel getrunken. Die Körperfette der Tiere waren der „Balsam" alter Zeiten. Dieser Balsam wurde bei Husten- und Lungenleiden angewandt, diente aber auch zur Hautpflege, als Salbe gegen Entzündungen.

Wir bezeichnen heute, was fest ist, als „Fett" und Flüssiges als „Öl". „Talge" sind besonders harte Fette. Das alte Wort „Unschlitt", auch „Inschlitt" oder „Inslet", bezeichnet Fett oder Talg aus dem Bauchraum von Huftieren wie Hirsch oder Gams. In der Regel wurde und wird das Fett ausgelassen, also in der Sonne oder über dem Feuer flüssig gemacht. Erst beim ausgelassenen Fett unterscheidet man, je nach Konsistenz, zwischen Öl (Murmeltier), Schmalz (Dachs, Fuchs, Wildschwein, Bär) und Talg (Hirsch, Gams) bzw. Unschlitt (Hirsch, Gams).

Amulette, Talismane, Fetische im Heilaberglauben

Zunächst einmal: Was sind Amulette, Talismane und Fetische überhaupt?

Amulette sind kleinere Gegenstände aus unterschiedlichen Materialien, die am Körper getragen wurden und dem Träger magische Kraft gewähren sollten – entweder unmittelbar oder durch Analogiezauber.

Das Wort *Talisman* wird meist im selben Sinne gebraucht. Die ursprüngliche Unterscheidung, dass nämlich das Amulett Böses abwehrt und der Talisman Gutes anzieht, ist in Vergessenheit geraten.

Fetische sind Zaubermittel, deren sich Schamanen oder Medizinmänner bedienen.

Das Fehlen jeglicher Kenntnis über die Funktionen und die Mechanismen im eigenen Körper führte dazu, dass Krankheiten dem Wirken von bösen Geistern zugeschrieben wurden, denen der Mensch mehr oder weniger machtlos gegenüberstand. So suchte er nach geheimnisvollen Mitteln als Gegenzauber. Auch die Erfüllung persönlicher Bedürfnisse und Hilfe in misslichen Lebenslagen standen im Vordergrund zahlreicher abergläubischer Handlungen. Diese Handlungen hängen mit der primitiven Vorstellung zusammen, dass Gegenstände bzw. die ihnen innewohnenden magischen Kräfte imstande seien, ihre Träger zu schützen. Sie sollten vor Unbill bewahren, im Besonderen Krankheit und Tod abhalten oder zu Glück oder Kraft verhelfen. Vielfach dienten dazu Teile tierischer Körper, vor allem von kleinen Säugetieren, Vögeln, Reptilien – insbesondere Schlangen und Eidechsen –, Fischen, Schildkröten und anderen mehr. Aber auch Kiefer, Zähne, Geweihstücke, Klauen, Schlangen- und Fischwirbel, Krallen sowie Federn galten als Seelenstoffträger. Sie wurden am Körper getragen oder irgendwo aufgehängt. Trophäe, Amulett oder Fetisch? – Hier verschwimmen die Grenzen …

Georg Buschan hat in einem Standardwerk über „Medizinzauber und Heilkunst im Leben der Völker“ die Geschichte der Urheilkunde und ihre Ausstrahlung bis heute beleuchtet. Ich zitiere an dieser Stelle aus seinem Werk, das im Jahre 1941 erschien und sich auf die europäischen Völker bezieht:

> Von tierischen Organen kommen in Betracht aus dem Schulterknochen eines Esels geschnittene Täfelchen, die die Zigeunerinnen über dem Unterleib tragen, Gürtel aus Eselsschwanzhaaren, die die Frauen in Bosnien und der Herzegowina zur Erleichterung der Geburt auf dem bloßen Leibe tragen, Eselshufe und Elentierklauen gegen Fallsucht und Wechselfieber, Kniescheiben vom Schaf, am Tage um den Hals getragen und nachts unter das Kopfkissen gelegt, gegen Krämpfe, Hasenpfoten, die im Weltkriege die englischen Tommies mit Vorliebe bei sich trugen, der rechte Vorderlauf des Kaninchens gegen Rheumatismus, Zähne von Wildschweinen, Pferden, Wölfen und Hunden, Eberhauer, Klauen von Schweinen, Igelkinnladen gegen Gesichtreißen, Dachsfellstückchen, Hahnensporne, Krebsaugen und Krebsscheren, Fischschwänze, Korallen, Gemskugeln, versteinerte Seeigel, Deckel von überseeischen Schnecken und anderes mehr. Zu den letzten Gegenständen noch ein paar Bemerkungen. Mit den Schwänzen der zu Weihnachten gegessenen Fische pflegt man in Schlesien den Kindern die Augen einzureiben, damit sie das ganze Jahr hindurch gesund bleiben. Sie werden auch mit Speichel in eine Ecke der Stube an die Wand geklebt, um Zahnschmerzen loszuwerden.

Krankheitsgeister

Bis in die Mitte des 19. Jahrhunderts, mancherorts auf der Welt bis heute, sahen Menschen die Ursachen von Krankheiten in Krankheitsgeistern. Man versuchte, sie mit Hilfe von spitzen Gegenständen abzuwehren oder ganz einfach abzustreifen. Vielerorts ließ man die Kranken durch Büsche und Bäume kriechen, zog sie durch enge Felslöcher oder durch Leitern, Stuhl- und Tischbeine. Diese heute noch in vielen Ländern in Spuren vorhandene volkstümliche Heilmethode wurde auch bei Tieren angewandt und mit Tieren ausgeübt. In manchen Gegenden der Schweiz glaubt man die Heilung von Husten und Verschleimung mit Hilfe eines Hengstes oder Widders zu erreichen. Dazu wird zum Beispiel ein krankes Kind drei Mal unter dem Tier durchgeführt.

In dem vorhin zitierten Buch von Georg Buschan fand ich auch einen Hinweis, dass es im 17. Jahrhundert in Persien Brauch war, schwangere Frauen zur Erleichterung der Entbindung unter einem Kamel durchkriechen zu lassen.

Bei diesem in Deutschland als „Durchschlofen" bekannten Durchkriechen erhofften sich die Menschen auch eine zweite Geburt oder Erneuerung des Lebens. Johann Sepp, ein Volkskundler, hat es in der Mitte des 19. Jahrhunderts auf den Punkt gebracht: *„Derlei natürliche Öffnungen stellen den Schoß der Mutter Erde und das Durchkriechen die Wiedergeburt unter … Erlösung von Krankheiten vor."*

Bei meinen persönlichen Forschungen stieß ich auf ein altsteinzeitliches Objekt aus Laugerie-Basse in Frankreich. Die bekannte Gravur auf einem Rentier-Schulterblatt zeigt eine unter den paarig dargestellten Renläufen liegende hochschwangere Frau.

Als ich vor einigen Jahrzehnten auf einer archäologischen Exkursion das Périgord in Frankreich bereiste, war es dort noch üblich, Kranke durch einen Dornbusch zu ziehen. Auch hier: Die Steinzeit lässt grüßen!

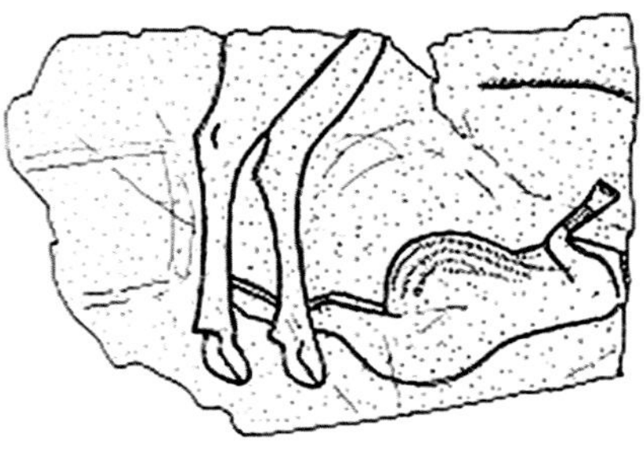

Altsteinzeitliches Objekt aus Laugerie-Basse in Frankreich.

Die Gravur auf einem Rentier-Schulterblatt zeigt eine unter Renläufen liegende hochschwangere Frau.

Der Rehbock – Hirsch des Kleinen Mannes

Im übertragenen Sinne galt Vieles, was man sich von der Heilkraft des Edelhirsches versprach, auch für dessen kleinen Bruder, den Rehbock. Wie bei ihm wird das periodische Abwerfen des Geweihes als Symbol der Erneuerung gesehen. Das Tier entäußert sich seiner Waffe und schenkt das Geweih seit Urzeiten dem Menschen als Rohstoff. Neben dem Stein ist es das am häufigsten vorkommende Material, das über Jahrtausende zur Herstellung von Werkzeugen, Waffen und Schmuck verwendet wurde – bis heute. Schon die rätselhaften „Kommandostäbe" und die fein gravierten Geweihstücke der Vorgeschichte weisen auf den Wert, vielleicht sogar die Heiligkeit des Materials hin. Da Rehwild in diesen weit zurückliegenden Epochen sehr selten war, stammte der Werkstoff meist vom Rentier, Hirsch oder

Rehe in der Darstellung des Buches „Der vollkommene Teutsche Jäger" von Flemming (1670 bis 1733).

Rehe waren früher mancherorts sehr selten. Die Künstler kannten sie oft nicht aus eigener Anschauung und stellten sie daher hirschähnlich dar.

Urhirsch. Ich möchte an dieser Stelle daher von einem einzigartigen Fund berichten, der in einer verschütteten Höhle östlich von Nürnberg entdeckt wurde. Der Ausgräber, ein Paläontologe aus Erlangen, fand in acht Metern Tiefe Abwurfstangen vom Reh aus der vorletzten Eiszeit, die vor 125.000 Jahren zu Ende gegangen ist. Neben Knochen von Löwe, Bär, Nashorn, Hirsch, Pferd, Rind und Hyäne entdeckte man Steinwerkzeuge und einen Zahn, welcher einem frühen Neandertaler zugeordnet wird. Kenntnisse über das Alter der Reh-Abwürfe, die von Urmenschen in die Höhle gebracht wurden, verdanken wir den radiometrischen Daten. Es hat 200.000 Jahre ergeben!

Analog zum Edelhirsch mit dem Dreireis im Äser – in der christlichen Ikonographie ein Symbol Christi – wird auch der Rehbock zu einem Heils-Tier. In der Volkskunst ist er auf Kacheln, Schüsseln, Beschlägen und Möbeln zu finden, und seine Geweihstangen wurden als Besteckgriffe verwendet. Ein Jagdfreund von mir besitzt ein altes bäuerliches Besteck, in dem neben Messer, Wetzstahl und zweizinkiger Gabel auch die

Rehbock mit Lebenskraut im Äser. Das Reh war der Hirsch des Kleinen Mannes.

Wie der Hirsch war auch der Rehbock ein Heils-Tier, welches das Lebenskraut fand.

Die Stangen sitzen auf einem geschnitzten Holzkopf, gefasst auf einem barocken Schild aus dem 18. Jahrhundert.

Letzter Bissen.
Der Brauch des Letzten Bissens hat aber mit dem Finden des Lebenskrautes sicher nicht unmittelbar zu tun.

Afterschale eines Rehes steckt. Sie diente mit ihrer herausragenden und getrockneten, spitzen Sehne als Zahnstocher.

In der Darstellung in der Volkskunst gleicht dieses grazile Tier, das heute manchmal als Waldschädling gnadenlos und ohne jegliche Ethik verfolgt wird, oft einem Mischwesen zwischen Hirsch und Reh. Vermutlich waren Rehe damals einfach mancherorts selten, oder es war dem Künstler aus eigener Anschauung nicht bekannt. Selbst Johann Elias Ridinger, der große Sittenschilderer der barocken Jagd, hat auf seinen Kupferstichen Rehe mit Hirschkörpern dargestellt. Da er im Text unter dem Blatt „Anstand auf Rehe“ deren Brunftzeit auf Ende November legt, gehe ich davon aus, dass er Rehe nicht aus eigener Anschauung kannte.

Zu Ende des 18. Jahrhunderts schmückt auch der einfache Mann seine Stube oder Hauswand gerne mit einem in Holz geschnitzten Rehbockhaupt, häufig mit einer Rübe im Äser, wie beim Hirsch. Auch hier wird auf Naturalismus wenig Wert gelegt. Vielfach sitzen auf archaisch anmutenden Köpfen einfache Rehkronen. Ich besitze zwei kleine, sehr grob von Bauernhand geschnitzte Rehhäupter, bei denen die Geweihe ebenfalls aus Holz bestehen. Es handelt sich daher sicher nicht um Trophäen im üblichen Sinne, vor allem, wenn sie an Außenwänden angebracht waren. Die tiefere Bedeutung dieses Brauches ging im Laufe der Jahrhunderte verloren oder wird missdeutet. Es gilt daher in Erinnerung zu rufen, dass Hirsche – männlich oder auch weiblich – häufig mit bedeutenden Klostergründungen, Kirchen und Quellen in Verbindung gebracht werden. Wasser, Quellen und der Hirsch gelten als Zeichen der Wiedergeburt. Sie sind nach christlicher Auffassung als Sinnbilder der Erneuerung durch die Taufe zu sehen. *„Wie der Hirsch nach dem Quellwasser, dürstet meine Seele zu dir, o Herr"* (frühchristlicher Psalm).

Wandgemälde auf Schloss Ambras in Innsbruck.

Der Hirsch als Symbol Christi. Häufig wurde er mit bedeutenden Klostergründungen, Kirchen und Quellen in Verbindung gebracht.

Faszination Rehgeweih. Dieses stammt von einem Sibirier aus der Sammlung des Grafen Arco. Kaum ein anderes Geweih kennt eine dem Reh vergleichbare Formenvielfalt.

Königlich bayerische Rehforschung im Schloss zu Berchtesgaden

Keinesfalls darf ich in diesem Kapitel die jahrzehntelange Beschäftigung des bayerischen Herzogs Albrecht (1905 bis 1996), dem Enkel von König Ludwig III., mit dem Reh und dem Rehgeweih unterschlagen. Wie manche seiner Vorgänger sammelte auch SKH Herzog Albrecht Trophäen – aber mit völlig anderer Absicht als die meisten anderen. Außer dem Hinterfragen verbreiteter Lehrmeinungen galt seine besondere Aufmerksamkeit dem Sammeln von Abwurfstangen. Nach emsigem Suchen mit seinen Förstern wurden sie, entsprechend dem Fundort, gekennzeichnet und wissenschaftlich genau bearbeitet. Begonnen hatte alles in den frühen 1960er-Jahren: Weichselboden, ein großes obersteirisches Revier, stieg aus der Anonymität hervor, als es der Herzog zum Zentrum seiner wissenschaftlichen Forschung machte. Im königlichen Schloss Berchtesgaden haben die gefundenen Abwürfe – zu Serien zusammengestellt – und die dazu passende und später erbeutete Trophäe ihr Zuhause gefunden.

Die Variationsbreite der Geweihformen beim Rehwild ist überwältigend und sicher auch ein Grund dafür, das es als Jagdtier für uns so reizvoll macht. In den vom Herzog entworfenen Vitrinen finden wir Rehtrophäen mit Dach-, Tropfen-, Teller-, Stern-, Schirm- und Kranzrose. Übrigens gibt es diese Formenvielfalt nur beim Rehbock, beim Hirsch ist die Rose weniger spektakulär. Geweihe in Kreuzform, weit nach hinten oder extrem nach vorne liegend, weit und eng gestellt, reich geperlt oder auch glatt, sind zu sehen. Auch die durch Krankheit oder durch Verletzungen entstandenen monströsen Geweihe können wir in dieser neuzeitlichen „Wunderkammer“ in Berchtesgaden besichtigen. In einem Jahr fand man eine Reihe besonders kapitaler Rehböcke mit außergewöhnlich großen Rosen verendet. Herzog Albrecht konnte den Nachweis erbringen, dass Fliegenmaden der Grund für ihren Tod waren. In diesem einen Jahr waren nämlich die Fliegen selbst in diesem Gebirgsrevier zur Plage geworden. Die Fliegen hatten ihre Eier unter die flach auf dem Kopf aufsitzenden Rosen gelegt, die Maden hatten sich durch die Kopf- und Knochenhaut gefressen und zum Tod geführt. Der Museumsbesucher kann die tödlichen Spuren dieser Insekten im königlichen Schloss bestaunen. Insgesamt zählen 1.290 Bock- und 590 Geißschädel, sowie 3.425 Abwurfstangen zum Inventar des Rehmuseums.

Der Steinbock – magisches Wesen und lebende Apotheke

Es ist wie in der Sage. Was König Midas berührt, wird zu Gold. Im Jägeraberglauben wird kraft eines Übertragungsglaubens jeder Teil des Wildes zu einer Kraftspende für den, der damit in Berührung kommt. Dies trifft besonders auf den Steinbock zu, der als „Objekt unstillbarer menschlicher Begierden" verfolgt wurde. Fast wäre er zu Beginn des 19. Jahrhunderts ausgerottet worden. Nicht nur seine Hörner, das Herzkreuz, sein Blut, die Haut und der Magenstein – die „Bezoarkugel" – waren begehrte Medizin gegen vielerlei Krankheiten und Leiden. Dank König Viktor Emanuel II. von Savoyen konnte der kraftvolle Kletterkünstler – ausgehend von einem Bestand von rund 100 Stück im

Steinbock in einer Darstellung aus dem Jahr 1717.
Seine Hörner, das Herzkreuz, sein Blut, die Haut und der Magenstein waren begehrte Medizin gegen vielerlei Krankheiten.

Aosta-Tal, die er unter Schutz stellte – im Alpenraum wieder Fuß fassen.

Mit die ältesten Darstellungen von Steinböcken finden sich in einer der schönsten Steinzeitgalerien der Welt. In der erst im Jahr 1994 entdeckten Grotte Chauvet im Tal der Ardéche (Frankreich) schufen vor 30.000 Jahren Steinzeitkünstler mit einfachen Mitteln einzigartige Kunst auf grobem Felsengrund. Seit dieser Zeit spielt der Steinbock als ranghöchstes Wild des Hochgebirges als Jagdtier und in den Mythen, Märchen und Sagen asiatischer, afrikanischer und europäischer Völker eine bedeutende Rolle. Seiner symbolträchtigen Gestalt begegnet man variantenreich in vielen Mythologien, kosmographischen und astronomischen Systemen, in Literatur und Kunst von der Antike bis in unsere Zeit. Das Erscheinungsbild dieses mächtigen Hornträgers führte zu einem der dauerhaftesten Sinnbilder der Kulturgeschichte. Adelsgeschlechter und Städte führen das „stolze und tapfere Tier“ in ihren Wappen, und ungezählte archäologische Zeugnisse veranschaulichen die große Wertschätzung dieses edlen Wildes. Die realen Kenntnisse von Natur und Verhalten des scheuen Tieres in seinem alpinen Lebensraum blieben beschränkt. Hingegen wurde die magische Schutz- und Heilwirkung in vielen frühen Werken gelehrter Ärzte ausführlich beschrieben. Neben der Verwendung von Steinbockgehörn für äußerst begehrte Kunstgegenstände, wie etwa Becher, Pulverhörner oder Tabakdosen, von denen man sich abwehrende Wirkung versprach, waren auch alle anderen Körperteile des Steinbocks begehrt.

Der Arzneischatz in den Steinwildapotheken

Das Erzstift Salzburg verfügte unter Guidobald Graf von Thun (1616 bis 1668) auf Anregung seines Leibarztes über eine Steinwildapotheke. Vom Erzbischhof aus, der über gut besetzte Fahl-

Steinbockdose.

Die Dose wurde im 18. Jahrhundert in Salzburg gefertigt und ist in Silber gefasst.

wildreviere verfügte, erging unter harter Strafandrohung an die Jäger der strenge Befehl zur Ablieferung aller Steinbockteile. Das waren besonders die Herzkreuzchen, Herz, Blut, Lunge und Leber. Die Organe mussten in Wein gewaschen und wie das Blut in der Stube auf dem Herd gedörrt werden. Die Vorschrift verlangte, dass hierauf noch eine Trocknung in einer irdenen Schüssel in einem Backofen – vier Stunden, nachdem man das Brot herausgenommen hat – zu erfolgen hatte. Natürlich mussten auch aufgefundene Knochen und Hörner durch Schnee oder Steinschlag umgekommenen Steinwildes abgegeben werden. Bei einer Ausstellung, die ich vor Jahren über den Steinbock machte, konnte ich neben Salzburger Hornarbeiten des 18. Jahrhunderts auch noch zahlreiche Original-Arzneien des Steinbocks zeigen. Es war der Inhalt von zwei großen, ovalen, bemalten und beschrifteten Holzspanschachteln. Sie waren Leihgaben der noch heute erhaltenen und wohleingerichteten Hausapotheke des Stifts Nonnberg, die seit dem 17. Jahrhundert von den fachkundigen Ordensfrauen betreut wurde. Der Inhalt bestand aus zerkleinertem Steinbockhorn, vermischt mit grob gepulverten Knochen des Stirnzapfens sowie einigen Gamskugeln, und ein bemaltes Schächtelchen mit in Papier gewickelten Pulvern. Darunter war ein Päckchen mit der seltsamen Aufschrift „Steinbock zum Zungenreinigen". Auch ein kleines Stück Steinbockhaut ist noch vorhanden, das wohl als Amulett gebraucht wurde. Als wertvollstes Amulett des Steinbocks galt aber das Herzkreuz. Dieser flache Knorpel verknöchert mit dem Älterwerden des Wildes immer mehr und wächst dabei gelegentlich zu einem Gebilde aus, das einem Kreuz ähnelt. Die große Wertschätzung dieses an sich unscheinbaren Knöchelchens selbst in höchsten Kreisen veranschaulicht eine Begebenheit des Mittelalters. Der Babenbergerherzog Friedrich der Schöne (1289 bis 1330) hatte, als er vom Kreuzzuge zurückkam und seine Gemahlin erblindet vorfand, sofort einen reitenden Boten nach einem Herzkreuz ausgesandt. Ein weiterer Beleg aus späterer Zeit: 1920 berichtet jemand in der Jagdzeitung „Wild und Hund" von persönlichen Begegnungen mit Hochgebirgsjägern und Bergführern im Gebiete des Monte Rosa, des Matterhorns, des Chamonix- und Aosta-Tales sowie des Tiroler Eisacktales, die alle – nachdem ja der Steinbock fast ausgestorben war – ersatzweise ein anderes Anhängsel an einer Seidenschnur trugen: das Herzkreuz von Gams oder Hirsch.

Der Gams

Einen ziemlich makabren Eingriff in die Weltgeschichte leistete sich ein schneeweißer Gams, der ausgestopft im Haus der Natur zu Salzburg zu besichtigen ist. Erlegt wurde der Hornträger am 27. August im Blühnbachtal vom österreichischen Thronfolger Franz Ferdinand. Nach dem Schuss wandte sich Franz Ferdinand an seine Gattin, die hinter seinem Stand stand, und erwähnte scherzhaft eine uralte Sage. Nach ihr bedeutet das Erlegen eines weißen Gams für den Schützen den Tod binnen Jahresfrist. Noch ehe ein Jahr um war, hatte der weiße Gamsbock am Erzherzog und seiner Gattin Wort gehalten.

Der Glaube an die wunderbare Heilwirkung der Organe blieb im Volksglauben nicht nur dem Steinwild vorbehalten. Sie übertrug sich dann in der Folge auch auf Gams und Hirsch, die mit dem Beginn der Ausrottung des Steinwildes in unserer Alpen-

Gamsdarstellung aus Adam v. Lebenwalds „Damographia" (1694). Auch den Organen des Gams schrieb man im Volksglauben Heilwirkung zu. Mit dem Seltenwerden des Steinwildes stieg die Bedeutung von Gams und Hirsch in dieser Hinsicht.

welt immer mehr Bedeutung bekamen. Man fasste Gamszähne rosenkranzartig und hängte sie zahnenden Kindern zur Linderung der Schmerzen um den Hals. Noch mancher alte Jäger weiß von dem Brauch zu berichten, dass man das frische Blut – den „Feisch" – vom frisch erlegten Gams trank. Man erhoffte sich Kräftigung, Trittsicherheit und, wie einer im 18. Jahrhundert schreibt: „*Etliche Jäger trinken die Röthe und Feiste von wegen des guten Kopfs für den Schwindel in großen Schärfen und Klebergängen.*" Der Kopfschmuck, die Gamskrucken, waren überaus begehrte Trophäen für Jäger und Wildschützen. Die sehr seltenen Zündkrautflaschen und Radschloss-Schlüssel zum Spannen der Gewehre aus Gamshorn sollten die Wirksamkeit des Jagdgeräts auf magischem Wege sichern. Ähnliche Verhaltensweisen kennen wir von den Naturvölkern. In einigen Teilen der Erde, wie in Alaska, Sibirien, Asien, Australien und in manchem der Balkanländer ist der Glaube an beseelte Gegenstände und Orte und deren magische Kraft noch lebendig. Meiner Ansicht nach wollte bereits der Steinzeitjäger durch das Material und die häufig künstlerische Gestaltung seiner Waffe das Wild von der Ernsthaftigkeit seiner Tötungsabsicht überzeugen. So gelten Waffen, Schnitzereien und Amulette der frühen arktischen Waljäger – wir nennen sie Eskimos – zugleich als Botschaften an die Beutetiere und deren als dem Menschen ebenbürtig gedachte Seelenwelt. Es sind Versuche, Regeln zu finden, die Jäger und Gejagte verbinden und gegenseitig verpflichten. Ich finde, dass manche heute leider vernachlässigte traditionelle Regel auf der Jagd noch in diese Richtung weist.

Messer gegen das Böse

Aus Gamshorn gefertigte Messergriffe wurden einerseits als jagdgerecht erachtet und sollten außerdem der Gesundheit dienen, ähnlich wie beim Messergriff aus Steinbockhorn oder Hirsch-

Bäuerlich-jägerisches Gamsbesteck.
Es handelt sich dabei um Messer und Gabel. Solche Bestecke waren sehr beliebte Geschenke von Erzherzog Johann an seine Vertrauten.

geweih. Im Tiroler Raum wird mancherorts bis zum heutigen Tag das traditionelle Trachtenbesteck hergestellt, das aus einem Messer, einer Gabel und einem Streicher oder einer Fuhrmanns-Ahle besteht. Das Sarntal und Sterzing sind Namen, die einst für dieses Kunsthandwerk standen. Die eingelegten Hornschalen der Griffe – heute meist aus Rinderhorn – schmückt man mit kleinen Silberfiguren. Das Schmuckbedürfnis steht heute natürlich im Vordergrund. Einst war man aber davon überzeugt, Dämonen und vor allem die Krankheitsgeister, denen Mensch und Tier sonst hilflos ausgeliefert waren, vertreiben zu können. Nicht nur auf der Jagd – gegen den „Bösen Blick“ –, auch auf dem Feld und gegen die Wetterhexen wurden die in Weihwasser getauchten Messer eingesetzt. Zum Schutz steckte man sie auch in Stalltüren, in Fuhrwerke, ja man hängte sie bisweilen sogar in Kinderkrippen.

Gamskrickelmesser

Als Amulett in Messerform könnte man die sogenannten Gamskrickelmesser bezeichnen. Die im Volksmund auch als „Drudenfeitel“ oder „Drudenschneid“ bezeichneten Klappmesser waren meist aus Gamshorn gefertigt. Auf die Klingen wurden neun Kreuze und neun Halbmonde eingeschlagen, manchmal auch mit frommen Sprüchen und christlichen Symbolen verziert. Das Material Horn galt als Sammelpunkt für Kraft, und von der spitzen Metallklinge mit den Zeichen versprach man sich die Abwehr alles Bösen. *„Neun Kreuz und neun Mond greifn alle Deifel o.“* Im Hosensack getragen, wird Klinge und Horn zum Talisman, wirft man das Messer in den Sturm, wehrt es das Unwetter ab. Sogar gegen die Drud, die Namensgeberin, die sich auf die Brust des Menschen setzt und Atemnot und Albträume verursacht, wirkt es. Im Volksglauben ist die Drud – die „Rotäugige“ – ein böses Wesen, das Angst und Schrecken bei Mensch und Vieh verbreitet und mit Hilfe von Sturm und Hagel die Fluren zerstört. In den Türstock geschlagen, wehren diese Messer dem Bösen den Zutritt. Unter das Bett oder in die Wiege gelegt, behüten sie den Schlaf. Als Nachbildungen in Wachs werden sie als Votivgaben zur Erinnerung an eine mit Erfolg erflehte Heilung oder an ein abgewendetes Unglück an einen bestimmten Wallfahrtsort gebracht.

Die Bezoarkugel – ein Wunder wirkender Magenstein

Die Gamskugel – auch „Bezoarkugel“ genannt – *„solln eyn gutes Mittel seyn gegen die Pest, Schwindel, Melancholie etc. Etwas nüchtern davon eingenommen, sollt sogar auf 24 Stunden schussfest machen, wenngleich es auch dem Gembs, der es gehabt, nicht geholfen“*, schreibt Doktor Hieronymus Velschius in einem populärmedizinischen Werk Anfang des 19. Jahrhunderts. Seit dem „Physiologus“, dem

Gamskugel – auch „Bezoarkugel" genannt.

Bezoarkugeln sollen gegen Pest, Schwindel, Melancholie und Lungenkrankheiten helfen. Sie kosteten früher ein kleines Vermögen. Bezoarkugeln sind Zusammenballungen aus Haaren, Kräutern und Harz.

antiken Tierbuch, in dem Pflanzen, Steine und Tiere beschrieben und allegorisch auf das Heilsgeschehen hin gedeutet werden, bis ins 19. Jahrhundert hinein wurde über dieses Wundermittel berichtet. Vor allem bei meist älteren Gamsgaisen kann man diese Zusammenballungen aus Haaren, Kräutern, Harz, Geäse usw. finden. Einst wurden diese Kugeln, in Silber gefasst oder in einem Säckchen vernäht, von Lungenkranken auf der Brust getragen. Wie wertvoll diese Arzneien waren, die übrigens auch andere Hornträger – insbesondere die Bezoarziege – haben können, fand ich in einer Preisliste des Drogenhauses Brückner, Lampe & Co. von 1757: Hiernach kostete ein Medizinalpfund Bergkristall 4 Groschen, Smaragd 6, Granat 8 und Saphir 16. Für Bezoarstein hatte man 16 Taler zu zahlen!

Der Gamsbart – kraftverleihendes Amulett und Zierstück der Tracht

Der Teufel kommt bei vielen Geschichten ins Spiel, wenn es um die Jagerei oder das Kugelgießen geht. Ein alter Bergbauer aus dem Tiroler Unterland, der im Dorf als Wildschütz galt, erzählte mir einmal, dass der „Gottseibeiuns" den Gams mit seinen Teufelshörnern erschaffen und ihm den Bart auf den Rücken gesetzt habe, um den Jäger zu halsbrecherischen Wagnissen zu veranlassen. Der Auftrag dazu kam von Gott selbst, der dem Satan am achten Schöpfungstag die Erlaubnis gab, ein Tier zu machen. Was für Tragödien haben sich schon um diesen begehrten Hutschmuck zugetragen! Für die Burschen in den Alpen bleibt der Bart das Zeichen erlangter Reife und Potenz. Ehrensache, dass er von einem selbsterlegten Gamsbock stammt! Um ihn zu bekommen, begannen und beginnen die Grenzen der Legalität zu wanken. Prahlereien über „Grenzüberschreitungen" führten zu Händeln mit den Jägern. In manchen Gebirgsgegenden verbot daher die Obrigkeit den Bauernburschen das

Berufsjäger beim Bartrupfen.
Die Herstellung eines guten Bartes beginnt gleich nach der Erlegung.

Tragen dieser begehrten Haartrophäe. Um das Verbot zu umgehen, wurden die Haare Ende des 18. Jahrhunderts als „Gamsradel", den „Jagertratzer", gebunden.

Das Bartbinden – ein Geduldsspiel

Die Herstellung eines guten Bartes beginnt eigentlich bereits gleich nach der Erlegung von einem Gams. Bei noch warmem Wildkörper beginne ich mit dem Rupfen vom Haupt her in Richtung Wedel, büschelweise gegen den Haarstrich. Zur sorgsamen Aufbewahrung werden die einzelnen Büschel jetzt in eine aufgeschlagene Zeitung gelegt, diese gefaltet und mit Schnur gesichert. Ein miteingelegtes Stöckchen verhindert das Knicken der wertvollen Trophäe im Rucksack. Zuhause werden die Haarbüschel gewaschen, und die Unterwolle wird ausgekämmt. Jetzt beginnt das mühevolle Sortieren der Gamshaare nach Längen in dünnen Glasröhrchen. So entstehen viele „Minibärte", mit unterschiedlichen Haarlängen. Sie binde ich treppenförmig mit gewachstem Zwirn um ein mit Einkerbungen versehenes Holzstöckchen. Begonnen wird mit den kurzen Büscheln oben am Stabilisierungsstock, den Abschluss unten bilden die langen Haare. Um den Abstand der Büschelenden – ich tauche sie noch in Bienenwachs – vom Stab auszugleichen, wird Wolle aufgewickelt, damit ein konischer Abbund entsteht. Jeder Profibinder wählt hier übrigens seine eigene Farbe und Technik bei diesem Zierabschluss. Am Ende der Schusszeit sind die Grannen am besten. Drei bis vier Gams benötigt man für einen guten Bart. Dessen Form war immer schon Geschmacksache. Auf den alten Schwarzweiß-Fotos tragen die Jäger meist die Pinselform. Bei den alljährlich stattfindenden Gamsbart-Olympiaden, bei denen die kapitalste Trophäe prämiiert wird, ist heute der „Wachler" in Kugelform gefragt, wie ihn auch die Trachtler tragen. Wichtig bei beiden Formen ist der „Reif", also das angegraute Ende der Haare.

Ober- und Unterkiefer von einem Höhlenbären,
darüber ein altsteinzeitlicher Faustkeil aus Libyen.

Für den Steinzeitjäger war der Bär ein hochgeachtetes, aber auch ein hochgefährliches Jagdwild. Um ihn rankten sich besonders viele Riten.

Der Bär – Zentralfigur des Jäger-Aberglaubens

Für die steinzeitlichen Jäger war der Höhlenbär mit seinem Fetthöcker, seinem gewaltigen Gebiss und seinen messerscharfen Krallen ein gefährlicher, aber hochgeachteter Zeitgenosse.

Eine Reihe von gezielt abgelegten bzw. „aufgestellten" Schädeln, die man in Höhlen fand, deutet auf einen Bärenkult in der Altsteinzeit hin. Am bekanntesten ist das 2.445 Meter hoch gelegene Drachenloch in der Schweiz. Dort wurden neben einer großen Feuerstelle zwei viereckige, aus übereinandergeschichteten Steinen errichtete Steinkisten entdeckt. Sie waren mit dicken Platten verschlossen. Die eine war mit Holzkohle und zum Teil angebrannten Höhlenbärenknochen angefüllt. Die andere enthielt außer einigen Langknochen sieben wohlerhaltene Bärenschädel. Sie lagen alle – säuberlich ausgerichtet – mit der Schnauze nach Osten, dem Höhleneingang zu. Außerdem war parallel zur Höhlenwand ein mehr als fünf Meter langes Steinmäuerchen errichtet, hinter dem massenweise Höhlenbärenknochen lagen, nach Arten gesondert: zumeist Schädel, Hüftgelenkspfannen und Langknochen. Weiter im Höhleninneren wurden in Nischen weitere Höhlenbärenschädel gefunden. Sie ruhten auf Steinplatten, waren von Steinen umgeben und abgedeckt. Eine Reihe von neun anderen Schädeln war jeweils mit darübergelegten Steinplatten geschützt. In ähnlicher Form niedergelegte („aufgestellte") Knochen sind auch von anderen Ausgrabungen bekannt, etwa aus Frankreich, aus Slowenien und Kroatien.

Ich nehme an, dass hier ein Zusammenhang mit einem Tier-„Opfer" bestand und vielleicht auch eine Erneuerung oder Erhaltung des Jagdwildes beabsichtigt war. Denn Jahrtausende später opferten die Jäger im griechischen Altertum ihrer Jagdgöttin Artemis, und der Bär war ihr „Tier“: Man hängte Köpfe von erbeuteten Bären an ihre Tempel.

In der germanischen Göttersage ist der Bär Thors Tier. Im deutschen Volksglauben galt er als Dämon und Seelentier, ihm ward weissagende, schützende und heilende Kraft zugesagt. Man getraute sich seinen Namen nicht geradehin auszusprechen, sondern nannte ihn schmeichelnd „Großvater“, „Schwarzzahn“ oder „Süßfuß“. Bärenfett war ein geachtetes Heilmittel. In alten Salben wider die Zauberei war es ein wichtiger Bestandteil. Bärengalle galt als schweißtreibend, mit Wasser vermischt sollte sie den Schlag und andere Lähmungen vertreiben und gegen giftigen Tierbiss helfen. Der Freiherr von Hohberg empfiehlt im 17. Jahrhundert, ein Stück Bärenhaut in die Kleidung einzunähen oder um den Hals zu hängen, um die Läuse zu vertreiben. *„Der Bärenkopf und die rechte Hand gehörten* (als Trophäen) *der Herrschaft. Die linke dem Pfarrer, der mit dem Sakrament bei der Jagd*

„Pied d' honneur“ – ein Brauch aus Frankreich. Der linke Lauf von Reh oder Hirsch war für den Ehrengast. Der rechte Lauf des erjagten Wildes gebührte dem Jagdherrn. Ähnliche Gepflogenheiten sind hierzulande auch vom Bären überliefert.

„Furchtbar, wenn er verwundet worden …“

Die Darstellung dieser renaissancezeitlichen Jagdszene stammt aus „Venationes ferarum“ von Johannes Stradanus aus dem Jahr 1578. Gestochen ist die Szene von Philipp Galle.

dabei seyn mußte, denn obwohl der Bär für sich den Menschen nicht leicht anfallt, so ist er furchtbar, wenn er verwundet worden.“ Auf festlichen Tafeln der Fürsten prangten damals die geschmückten Häupter der erlegten Braunbären, deren Wildbret aufgetragen werden sollte.

Dieses Brauchtum früherer Zeit änderte sich mit dem Aufkommen des Porzellans. Als notwendige „Attribute des Glanzes und der Würde“ kamen nun Terrinen und Pastetenschüsseln in Form von Wild in Mode. Zu den auffälligsten Schöpfungen des 18. Jahrhunderts gehören große Terrinen in Form von Bären- und Keilerköpfen. Meist in Keramik geformt und sehr naturalistisch bemalt, fanden diese heute archaisch anmutenden Schöpfungen auch Eingang in gepflegte bürgerliche Haushalte.

Bärenriten

Dass der enthäutete Bär Menschenähnlichkeit aufweist, seine Pranken Menschenfüßen ähneln, beeinflusste die Phantasie der Völker. Bei manchen Naturvölkern Asiens wird er als Urvater des Stammes oder sogar als Schöpfer des Menschen verehrt. Vielfach sprechen die Jäger nur in einer Geheimsprache über ihn, denn nichts bleibt ihm verborgen.

Um Tanz und Opfer rankt sich bei einem erdumspannenden Bärenkult der Aberglaube. Die Sioux tanzen vor der Jagd. Bei den Ainu – einem Urvolk in Japan – tanzen Männer und Frauen, bei den Golden – einer Volksgruppe von Jägern und Fischern am Amur – nur Frauen. Vor der Jagd wird gefastet, Krähenbeeren, die bereits den Bärenmagen durchlaufen haben, essen die Samen der Nordländer. Die Eskimos essen Schnee aus der Fährte des zu jagenden Bären. Sie vermeiden Tage vor der Jagd jeglichen Lärm. Die Tungusen in Sibirien wecken den Bären im Winterlager, ehe sie ihm zu Leibe rücken. Verstoßen sie gegen dieses Tabu, tötet sie der Bär im Schlaf. Sie verneigen sich auch vor dem Eingang der Höhle und bitten wegen der Störung um Entschuldigung. Als Abwehr gegen bösen Zauber werden die Bärenpranken über den Zelteingängen befestigt. Meist wird der Bär bei vielen der sibirischen Völker unter strenger Einhaltung bestimmter Regeln gemeinsam verspeist. Dabei singt und feiert man wie bei Hochzeiten oder Messen. Haupt und Fell werden als Attrappe in einer Ecke aufgestellt und geschmückt. Weit verbreitet ist der Brauch, dem Bären die Augen zu verdecken. Dazu dienen Kupfer- oder Silbermünzen, auch Birkenrinde wird verwendet. Auch der Windfang wird mit Blech oder Birkenrinde verdeckt. Wenn der Bär dann gehörig geschmückt ist, wird ihm ein Mahl vorgesetzt, und er nimmt als hoher Gast am Fest teil. Die Gesänge bei diesen Festen sollen auch das große Beutetier erfreuen, sollen berichten von seinem Leben, und vielfach versucht man, den Tötungsakt auf andere zu schieben – in Sibirien auf Russen. Alles weist bei diesen Bärenfesten auf so etwas wie „Lebenserneuerung" hin. Man will sich mit dem Tier versöhnen. Knochen müssen bei allen diesen Bärenjägern sorgsam geordnet werden, und dem Schädel gilt besondere Aufmerksamkeit. So glaubt man an die Auferstehung und die Möglichkeit erneuter Jagd – denn die Seele des Tieres lebt weiter.

Penisknochen, Potenz und Fruchtbarkeit – Urwünsche der Menschheit

Mit besonderer Liebe sucht man weltweit im Wild nach Kräften, die den Geschlechtstrieb des Menschen fördern könnten, so auch, unter anderem, beim Bären. Vor allem Männer sind von der Aussicht einer gesteigertern Potenz fasziniert. So werden auch noch heute weltweit die Geschlechtsorgane von Arten, die als besonders potent angesehen werden, als Arznei- und Potenzmittel genutzt oder als Amulett und Talisman getragen. Die Liebesgöttin scheint dieses Tun auch zu segnen, denn die Einbildungskraft förderte unzählige Mittel zutage.

Neben Elixieren aus dem Wildbret von fortpflanzungsfreudigen Tieren, wie Hase, Reiher oder Sperling einst in unserem Kulturkreis, sind weltweit vor allem Amulette beliebt. Als ich vor Jahren bei einem Alaska-Aufenthalt in Nome an einer Bar saß, fragte ich einen einheimischen Freund über die Bedeutung der vor unseren Köpfen baumelnden großen Langknochen. Schmunzelnd, doch etwas verlegen erklärte er mir, dass es sich um Penisknochen von Walrössern handelte. Wie er mir erläuterte und was auch Ausgrabungen bestätigten, wurden sie einst als Werkzeug und Waffe benutzt. Als die Weißen dann nach Alaska kamen, kaufte man diese Knochen als Schaustücke und Kuriositäten auf und brachte sie in den Handel. Aber außer zu praktischen Zwecken messen die Eskimos ihnen keine große Bedeutung zu. Anders verhält es sich mit Meersäugern wie Pelzrobben, Seebären oder den See-Elefanten. So haben einstmals die Geschlechtsteile der Pelzrobben auf den Pribilof-Inseln gewichtsmäßig den gleichen Preis wie Gold erzielt. Seit 1972 wurde mit dem „Sea Mammal Protection Act" der Handel damit unterbunden.

Brunftschnur am Hals und Marderboandl an der Uhrkette

Es ist noch nicht so lange her, dass auch in unseren Breiten nach Kraft in die Lenden spendenden Rezepten gesucht wurde. Die Jäger des Isartales schätzten daher den Sehnenansatzknochen des Hasen, und mancher Gebirgsschütze schmückte sich mit Überzeugung mit der Brunftschnur – dem Samenstrang – des Hirsches, den er sich um den Hals legte. Für den Penisknochen von Fuchs, vom Iltis und Marder, in Altbayern „Marderboandl" genannt, begeisterten sich einst die Jäger. An Panzerketten und

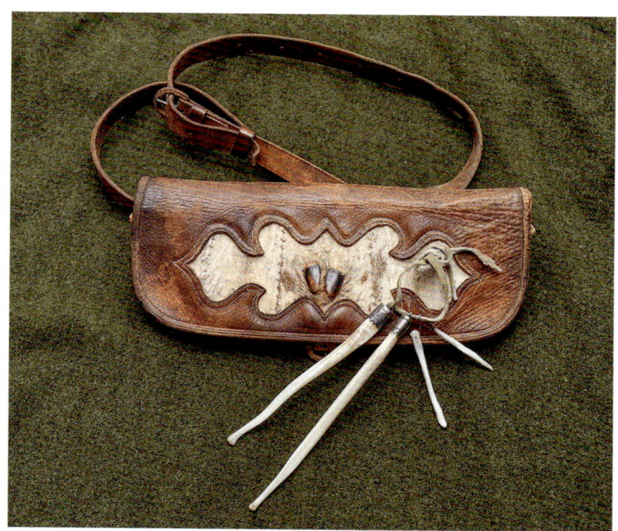

Damen-Patronentasche mit Rehlaufbesatz, zwei Penisknochen vom Bären, des weiteren Penisknochen von Dachs und Fuchs.

Doppelpanzerketten, Glieder-, Filigran- und Verlaufketten (das sind Ketten, deren Glieder immer kleiner werden), Talerketten und „Fotzzamketten“ (ähnlich der Kette im Pferdemaul, im *Fotz*) baumeln diese kleinen Trophäen auch heute noch unter manchem Männerbauch. Nach Wal und Walross besitzt der Bär den größten Penisknochen unter den Säugern – womit wir wieder beim Thema wären. Über diesen Knochen, der heute als Trophäe und Altersmerkmal gilt und den der Lateiner „Baculum“ nennt, konnte ich trotz eifrigen Forschens nichts finden. So bleibt mir nur anzufügen, dass ich mancherorts weitgereiste Bärenjäger getroffen habe, die mit diesem „Cocktailstick“ ihren Drink rühren.

Darstellung eines Keilers in „Der vollkommene Teutsche Jäger“ von Johann Friedrich Freiherr von Flemming (1670 bis 1733).

Die unbändige Kraft des Wildschweins flößte dem Menschen seit jeher Respekt ein. Die aus den Kiefern ragenden „Waffen“ nahm man als Trophäen, oder man trug sie als Amulette.

Das Wilde Schwein

Wie schon beim Bären, ist es auch beim Schwarzwild die unbändige Kraft des Tieres, die dem Menschen Respekt einflößt. Die Begegnung mit einem Wildschwein – sei es zufällig oder provoziert – birgt bekanntermaßen große Gefahren.

Vor allem die bei ausgewachsenen Tieren weit aus den Kiefern ragenden Zähne – die Waffen – sah man von alters her als Trophäen. Man trug sie aber auch als Amulette, sie waren im Volksglauben Akkumulatoren der Kraft oder dienten zur Abwehr böser Geister. Wie auch die einst an Jagdlagern, Scheunen und Behausungen angebrachten Schädel, Skelette, Geweihe und Eulen galten sie als Schutzobjekte. Bereits von den Kelten weiß man, dass sie, aus den oben genannten Gründen, Keilerzähne an den Türpfosten befestigten.

Vor einigen Jahren stieß ich auf einer Saujagd in einer wilden Berggegend Anatoliens auf ein „Schmuckstück", das mir diesen Abwehrzauber vor Augen führte. Auf einem kleinen Holzgerüst stand ein sehr schön, ja kunstvoll aus Stroh und Baumrindenstreifen gefertigter Bienenkorb. Über dem kleinen Flugloch hingen in Form eines Halbmondes die „Gewehre" eines guten Keilers. Mit einem silbrigen Draht waren oben zwei blaue Glasperlen befestigt, und auch die Zähne waren einige Male mit dem Draht umwickelt. Heute hängt diese „Trophäe" – dieses *Apotropaion* (griechisch, „Abwehrmittel") – unter meinen Keilerwaffen. Nach langen Verhandlungen meines türkischen Freundes und unter gutem Zureden meinerseits hat es uns der einfache Bergbauer schweren Herzens geschenkt. In meinem Tagebuch habe ich damals notiert, dass Zähne und Perlen (*Nazar* = das Schlechte; *Boncuk* = Perle) vom Imker gegen den „Bösen Blick" angebracht wurden. Dieses im Volksaberglauben sogenannte „Verneiden" oder „Verscheinen" ist ein Anhexen durch Menschen oder auch andere Lebewesen. Vor allem bei romanischen

Keilerwaffen aus den Bergen Anatoliens.
Nur die Hauer wurden hier verwendet; die Halbmondform kommt recht oft als Amulett vor. Die blauen Perlen sind gegen den Bösen Blick. Das Ganze diente als Abwehrzauber.

Völkern – und solchen, die romanische Kultur angenommen haben, etwa in Südamerika – sind Amulette gegen den „Bösen Blick" sehr geschätzt.

Die Abwehr der Wilden Schweine in der Antike

Das Schwarzwild spielte im Alltag des Altertums eine sehr viel größere Rolle als heute. Ein wichtiger Aspekt war damals die Verteidigung der agrarischen Lebensgrundlagen, die den Einsatz mutiger und gut gerüsteter Jäger erforderte. Gerade die gefährliche Jagd auf den wehrhaften Keiler und die angriffslustige Bache galt als Vorbereitung für den Krieg und war Bewährungsprobe für die politischen Führungsschichten. Das Erlegen eines mächtigen Keilers machte aus einem Jäger, wenn es das Schicksal in diesem Nahkampf gut mit ihm meinte, einen Helden oder Stadtgründer, vielleicht sogar einen König. Trotz der Gefahren für Leib und Leben diente diese Jagd natürlich auch der Unterhaltung und dem Vergnügen elitärer Gruppen. Hatte die Keilerjagd mit dem Erlegen des Wildes einen erfolgreichen Abschluss gefunden, war vom Weidmann eine ganze Reihe von Ritualen zu beachten. Sie hingen vor allem mit dem belastenden Akt des Tötens zusammen. Den Göttern musste geopfert werden, um damit Dank für Schutz und Hilfe auszusprechen. Im Umgang mit dem Wildbret und in der Weihung markanter Körperteile wie etwa Haupt oder Schwarte – den „Trophäen" – fanden diese Bräuche Ausdruck. Bei einem Festmahl wurde vom Jagdherren und den geladenen Gästen das meiste der Beute gegessen. Wildbret wurde in der Antike überall gerne verspeist, und man war davon überzeugt, dass es – wenn es von einem gefährlichen Tier wie einem Keiler war – kräftig und tapfer mache. Dies beherzigend, soll Chiron sein Pflegekind Achilleus mit Wildschweinfleisch aufgezogen haben.

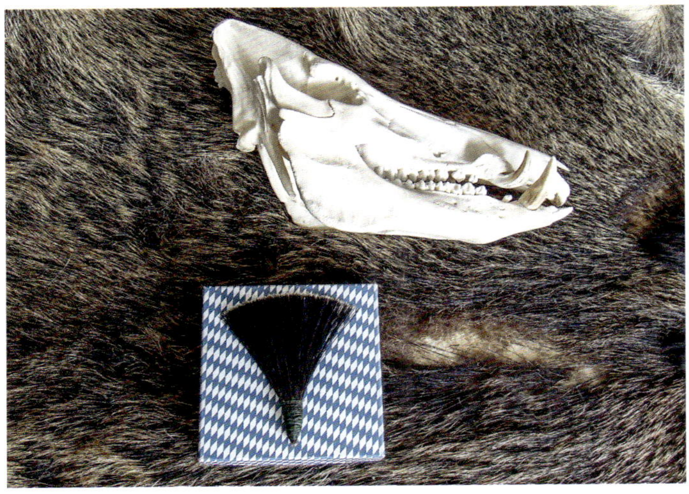

Die klassischen Trophäen beim Schwarzwild: Schwarte und Haupt. Heute ist auch der Saubart beliebt. Er wird „verkehrtherum" gebunden, also mit der hellen Wurzelspitze nach oben.

Die Kalydonische Keilerjagd

Diese Großjagd ist die wohl bekannteste Eberjagd in der klassischen Mythologie. Sie wurde über viele Jahrhunderte hinweg in verschiedenen Varianten überliefert. Homer, Euripides und Ovid sind Dichter, die dieses Thema bearbeiteten und ausschmückten. Der Ort der Handlung ist die Stadt Kalydon in Aitolien, nordwestlich des Korinthischen Golfs. Sie wurde von König Oineus regiert, der mit Althaia verheiratet war und einen Sohn namens Meleagros hatte. Eines Tages beging sein Vater einen schweren Frevel. Bei einem Erntefest hatte er allen Göttern geopfert, mit Ausnahme der Artemis. Die Jagdgöttin, die durch ihre Rachsucht bekannt war, schickte einen furchtbaren Eber, dessen Mutter ein todbringendes Untier aus der Unterwelt war. Da es niemandem gelang, das wütende, die Felder verwüstende Schwein zu töten, trafen schließlich aus ganz Griechenland die Helden zur großen Jagd ein. Nicht wenige Teilnehmer dieser antiken Großjagd fanden den Tod durch die Waffen des gewaltigen Keilers. Erst am sechsten Jagdtage gelang es Atalante – einer jungfräulichen Heroine – und Meleagros, dem Sohn des Jagdherren, das Wildschwein zu töten. Atalante traf die wütende Bestie mit dem Pfeil, der Königssohn gab ihr den Todesstoß. Beim anschließenden Jagdschmaus wurde, wie es üblich war, das Fleisch verteilt. Hatte es schon vor der Jagd Zwist wegen der Teilnahme einer Frau bei der Jagd gegeben, so entbrannte nun offener Streit. Als dann noch der verliebte Meleagros die Trophäen – Haupt und Schwarte – Atalante überreichen wollte, kam es zum Kampf. Dabei tötete er seinen eigenen Onkel, der die Ansicht vertrat, dass nach dem Sippenrecht Trophäen keiner Fremden, nämlich Atalante, zustanden. Diese Jägerin war aber keine gewöhnliche Sterbliche. In ihr erschien gleichsam Artemis selbst, und es gab Überlieferungen, wonach sie in Gestalt einer Löwin ewig am Leben bliebe. Der antike Mythos berichtet, dass nach der Kalydonischen Eberjagd die Waffen des Keilers im

Die kalydonische Eberjagd.
Detail aus einer attischen Vase um 570 bis 560 vor Christus.

Tempel der Athena Alea in Tegea geweiht wurden. Später hat Augustus sie – oder, um es genauer zu sagen, das, was man dafür hielt – von Tegea nach Rom bringen lassen. Neben den Keilerwaffen waren auch Haupt und Schwarte des Wildschweines geweiht worden, um die sich nach Homer schon Kureten und Aitoler stritten. Ich könnte mir gut vorstellen, dass bei diesen Kämpfen auch ähnliche Helme getragen wurden, wie sie erfolgreiche mykenische Jäger besaßen. Diese ließen sich aus den Hauern der von ihnen erlegten Keiler die bekannten Eberzahnhelme fertigen. Dreißig bis vierzig Eber mussten für die Anfertigung eines solchen Helmes zur Strecke gebracht werden. Die Zahnplatten stellten einerseits für die Krieger einen Schutz beim Nahkampf dar, man erwartete sich aber natürlich auch die apotropäische, unheilabwehrende Wirkung …

Griechische Ideale: Mythische Vorbilder und weidmännische Perfektion

Mit die größten Heroen der klassischen Mythologie, Herakles, Theseus und Odysseus, mussten sich ebenfalls mit aggressiven Wildschweinen auseinandersetzen. Die legendären zwölf Aufgaben des Herakles (lateinisch *Hercules*) sind weithin bekannt und hängen überwiegend mit der Jagd zusammen. Zu ihnen gehörte das Bezwingen des furchtbaren Erymanthischen Ebers. Der Held trieb ihn aus dem Wald in ein Schneefeld und konnte ihn, wie die Sage berichtet, dort einfangen. Herakles, der als Sohn des Göttervaters Zeus gilt, war nach den alten Mythen als einziger Held an der Großjagd auf den Kalydonischen Eber nicht beteiligt. Er war mit seinen Aufgaben beschäftigt, traf aber dabei im Hades die Seele des Meleagros und ließ sich von der Jagd auf den Kalydonischen Eber ausführlich berichten. Hintergrund all dieser Sagen waren die enormen, sogar existenzbedrohenden Schäden, die Schwarzwild anrichten konnte. Homer skizziert in Zusammenhang mit der Kalydonischen Jagd die Rache der Gottheit – und den Schaden, den schon ein einziges Wildschwein den landwirtschaftlichen Kulturen zufügen konnte:

> Sie aber, die Pfeilschüttende (Artemis),
> erregte zürnend von göttlichem Geschlecht
> einen Keiler, einen wilden Eber mit weißem Zahn,
> der viel Schlimmes zu tun pflegte dem Feld des Oineus
> und ausgerissen viele große Bäume zu Boden warf
> mitsamt den Wurzeln und mitsamt den Blüten der Äpfel.

Bis hinein in die römische Antike, später bis ins Mittelalter und in die Renaissance wurden die homerischen Epen vorgetragen und fanden vielfältige Umsetzung in der Kunst. Sicher werden sich die fürstlichen Jäger dieser Epochen auch in die Rolle des jungen Helden Odysseus versetzt haben, dessen Wildschweinjagd im 19. Buch der Odyssee geschildert wird:

> Sie aber gelangten in ein Waldtal, die Pirschenden. Und vor ihnen
> liefen die Hunde einher und spürten nach Fährten, hinterdrein aber
> die Söhne des Autolykos, unter ihnen aber ging der göttliche Odysseus
> nah bei den Hunden und schwang den langschattenden Speer.
> Da aber lag ein großer Eber in seinem dichten Lager.
> Dieses durchwehte nicht die Gewalt der feuchtwehenden Winde,
> noch traf es der leuchtende Helios mit seinen Strahlen,
> noch durchdrang es der Regen durch und durch, so dicht
> war es, und darin war von Blättern eine genugsam reiche Schütte.
> Da drang von den Männern und den Hunden von allen Seiten
> zu ihm das Geräusch der Füße,
> als sie pirschend herankamen. Und entgegen aus dem Gehölz,
> hochgesträubt den Kamm und Feuer mit dem Auge blickend,

stellte er sich ihnen von ganz nahe. Und als erster stürmte Odysseus an,
den langen Speer hochhaltend in der starken Hand,
voller Begierde zuzustoßen. Doch der kam ihm zuvor, der Eber,
und schlug ihn über dem Knie und schöpfte ihm viel hinweg
von dem Fleische mit dem Zahne,
quer andringend, kam aber nicht auf den Knochen des Mannes.
Odysseus aber stieß zu und traf ihn unter die rechte Schulter,
und durch und durch ging des schimmernden Speeres Spitze,
und er stürzte klagend nieder in den Staub und
der Lebensmut entfloh ihm.
Da machten die lieben Söhne des Autolykos sich um ihn zu schaffen,
die Wunde des untadeligen Odysseus aber des gottgleichen,
banden sie kundig ab und stillten das schwarze Blut mit Besprechungen
und gelangten alsbald zu den Wohnungen des Vaters.

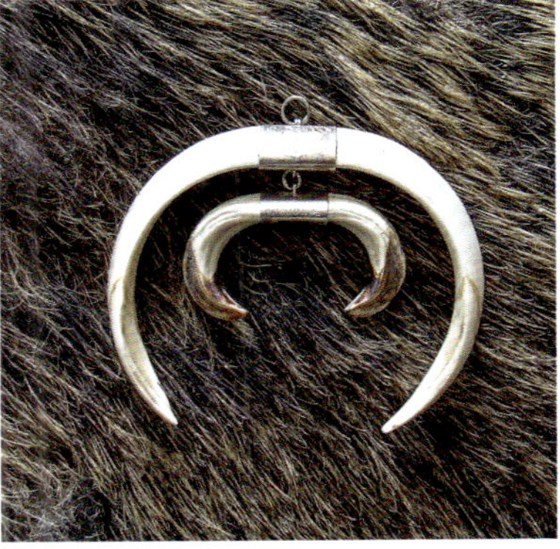

*Zwei Mal Keilerwaffen, gediegen gefasst in Halbmondform.
Ob sich die Jäger bei der Erlegung dieser Keiler in die Rolle
des jungen Helden Odysseus versetzt haben?*

Linkes Bild: Die Trophäe eines Keilers, den Kaiserin Elisabeth von Österreich im Herbst 1881 im Leibgehege Gödöllö erlegte. Die Kaiserin war für ihre Vorliebe für Parforce- und Hetzjagden bekannt.

Rechtes Bild: Gewehre und Haderer eines starken Keilers, in Silber gefasst zum Hängen. Auf diese Art und Weise gefasst, kommen die Keilerwaffen besser zur Geltung als auf einem Holzschild.

len an einer Hecke in der Mitte eines Schlupf-Loches, absonderlich, wo man gewiß ist, daß ein Thier seinen Weeg hierdurch nimmt / jedoch muß man alles weit und breit mit dürrem Laub belegen, und bestreuen, damit der Fuchs nichts Arges fürchten möge.

Die Bauern, die sich auf den Fuchs-Fang legen, stellen ihm nur im Winter, und zwar um den Advent bis gegen Ostern nach, damit sie nur einen guten, und zum Verkauf tüchtigen Balg bekommen mögen.

Wenn man von den Füchsen Weidemännisch reden will, so saget man von ihnen:

Sie bellen;
traben;
werden gehetzet;
geludert;
gestreifet;
haben einen Balg;
Gefänge;
Läufte, oder
Die Füchsin / oder Fähm hat eine Nuß, das ist, natürlich Glied;
Klauen, an statt der Füsse; und ihre
Grube, heisset die Röhre.

Zum Gebrauch dienlich.

Ihre Lunge, wenn sie gedörret, und gepulvert wird, ist eine bewährte Artzeney vor die Schwindsüchtigen; ingleichen soll der Schweiß, oder das Blut den Stein zermalmen und fort treiben; auch bey Nieren- und Blasen-Schmertzen gut seyn; das Fett aber in Contracturen, Krampf- und Ohren-Schmertzen nützlich gebrauchet werden.

Die Lungen von selbigen, wenn sie von denen Apotheckern mit andern Sachen versetzet sind, sind gut vor das Keichen, Husten / Lungensucht, und andere Brust-Beschwerungen. Es muß aber die Lunge von einem jungen, oder mittelmäßigen Fuchs seyn. Die Materialisten führen solche auch, und kan / wenn sie zuvor mit warmen Wein von ihrem Blut gereiniget, in Pfeffer, oder Wermuth geleget, lange Zeit vor denen Würmern erhalten werden.

Die Stücke, welche zu Erhaltung Menschlicher Gesundheit in der Artzeney-Kunst dienlich seyn sollen / sind folgende:

1. Die Lunge vor die Schwindsucht.

2. Der Schweiß frisch getruncken / wider den Stein.

3. Das Fett, oder Fuchs-Schmaltz zu Heilung der Wunden, und Glieder-Schmertzen.

4. Die Leber gleichfalls vor Schwindsucht.

5. Der Koth in Eßig geweichet, und die grindigte Haut geschmieret, heilet ohne Gefahr des Einschlagens.

6. Die Zunge hülft den Augen und macht ein gutes Gesicht.

7. Der abgestreifte Fuchs, wenn er gedörret / klein gemachet, und den Schweinen, oder andern Vieh ins Futter gegeben wird, ist ihnen sehr gut.

Der Fuchs wird theils vom Rantzen / und übriger Geilheit mager, theils vergehen ihm, von vielen Ungezieferfressen, die Haare, und wird räudig; wann er mercket, daß man ihm deshalb nicht mehr nachstellet, wird er gantz dreiste, und raubet ohne Scheu.

Wenn er kranck wird, soll er sich entweder mit dem Tannen-Baum-Saft, oder mit dem Weyhrauch, so er aus den Ameisen-Haufen kratzet, curiren,

Ec

Vom Fuchs hatten viele Körperteile Bedeutung.
(Wald-, Forst- und Jägerey-Lexikon ..., Prag 1764)

Blut, Hoden, Fett, Zunge, Lunge und Leber fanden medizinische Verwendung. Lunge und Leber halfen etwa gegen die Schwindsucht, das Fett wurde zur Wundheilung herangezogen, die Zunge half den Augen und „macht ein gutes Gesicht".

Reineke Fuchs

Im Volksglauben und seit alters her spielte der Fuchs für den Jäger als begehrtes Pelztier eine wichtige Rolle. Wie der Name des Wolfes stammt auch der des Fuchses aus urgermanischer Zeit und wurde aus einer indogermanischen Sprachwurzel abgeleitet, die „dicht behaart", „buschig" oder „der Geschwänzte" bedeutete.

Gerade der Balg mit der prächtigen Lunte des Fuchses ist es, der uns Jäger auch noch heute auf der eiskalten Winterjagd als Trophäe begeistert. Einst war er begehrtes Rauchwerk der Kürschner, und sogar die Haare der Sommerfüchse wurden von den Hutmachern verarbeitet. Wie auch der Wolf überstieg der Fuchs im Aberglauben des Volkes seine natürlichen Fähigkeiten. Zur Abwehr des „Angangstieres" Fuchs wurde, wie beim Wolf, Schutzzauber getrieben: Sein Name durfte nicht genannt werden, denn *„wenn man den Fuchs nennt, kommt er gerennt"*. Darum muss er „Gevatter", „Langschwanz" oder „Holzhund" heißen. „Angang" – das ist das zufällige Zusammentreffen eines meist menschlichen Subjekts mit einem oder mehreren Objekten aus der belebten Natur – nach abergläubischer Meinung mit einer für das Subjekt zukunftskündenden Bedeutung.

Nach alter Vorstellung zeugen Fuchs und Wolf als Bastard den Luchs. Im naturgeschichtlichen Irrglauben des Volkes ist der Fuchs Berg- und Waldgeist, Spukwesen, Hexen- und Teufelsgeschöpf. In Mythen und Märchen ist seine Stellung, wie die so vieler Tiere, ambivalent. Die Überlieferung kennt ihn als Vegetationstier, mancherorts auch als Bringer der Ostereier, was deutlich in die Richtung Fruchtbarkeit weist. Daher finden auch sein Blut, seine Hoden und der Penisknochen im Liebeszauber und gegen Unfruchtbarkeit Verwendung. Als kleine Erinnerung an die Fuchsjagd und als Trophäe wird letzterer auch heute noch

Fuchsschädel, Kette mit Fangzähnen, Penisknochen.
Im Aberglauben des Volkes war der Fuchs Berg- und Waldgeist, Spukwesen, Hexen- und Teufelsgeschöpf. Der Penisknochen diente dem Liebeszauber.

manchmal aufbewahrt oder auch mit Silberfassung neben den ebenfalls gefassten „Fuchshaken" an der Uhrkette getragen. Diese von mehreren Füchsen erbeuteten Eckzähne werden heute auch gerne, kunstgerecht zu einem Edelweiß zusammengefügt, als Hutschmuck getragen.

Im Abwehrzauber gelten Gebiss- und Zahnamulette vom Fuchs als wirkungsmächtig gegen den „Bösen Blick" und gegen Schadensgeister. Zähnefletschen und Gebiss-Entblößen erkennen auch Tiere untereinander als Signal „Halt". Ich vermute, dass diese kleinen Zahntrophäen auf archaischer Tradition beruhen. Denken wir nur an die zahlreichen durchbohrten und als Schmuck getragenen Zähne der Eisfüchse und anderer Raubtiere in den Ausgrabungen der Steinzeit. Die Volkskundler Lenz Kriss-Rettenbeck und Liselotte Hansmann stellen in ihrem Werk „Amulett und Talisman" fest, dass zwar die Heil- und Übertragungskraft der einzelnen Zähne der verschiedensten Tiere in der „offiziellen" Literatur angeführt werden; es fehlen dort aber

Hinweise auf Fuchs-, Dachs- und Mardergebisse – und gerade diese treten uns aber im jüngeren Brauchtum des alpenländischen Bereiches so häufig entgegen. Die Drohgebärde des Zähnefletschens sollte vor Schadenszauber schützen und Dämonen abwehren. Die Droh-Formel des Zähnefletschens zur Schadensabwehr ist aber sicher schon viel älter. Sie findet sich etwa in der Ritterzeit, wo die Ritter gewissermaßen Dauerwächter gegen Schadensgeister auf dem Kopfteil ihrer Rüstung trugen, oder, noch viel früher, findet sich diese Drohgebärde des Zähnefletschens auf Gewandschließen in Nordeuropa in der Völkerwanderungszeit. Man sieht, wie solch alte Vorstellungen dauerhaft weiterwirken können. Außerdem verweist der Gebrauch von Gebissamuletten, der vielleicht aus Berufsbräuchen der Jäger entstanden sein mag, auf die enge Beziehung des menschlichen Alltagslebens zum Jägerbrauchtum.

Der Balg eines Fuchses übt eine eigenartige Faszination auf uns Menschen aus, wahrscheinlich seit jeher. Ein Griff ins seidige Fuchshaar, und man weiß, warum. Ein Fuchsbalg fühlt sich einfach unglaublich gut an, und er wärmt – gleichgültig, ob man den Kopf unter einer Fuchsmütze versteckt oder ob man der Kälte mit einer Fuchsdecke Paroli bietet. Das Kapitel über den Fuchs ist vielleicht der geeignetste Ort, um sich einmal mit dem Thema „Leder und Pelz“ grundsätzlich auseinanderzusetzen.

Leder und Pelz – Trophäen, die man anziehen kann

Die Jagd ist ein uraltes Handwerk, genauso wie das Schreinern, Mauern, Kochen oder auch die Arbeit des Arztes. Es waren dies Fähigkeiten und Kulturtechniken, die der Mensch seit der Frühzeit entwickelte, weil er sie brauchte, um Brauchbares durch sie zu erhalten. Mir ist es in diesem Buch ein Anliegen, den Begriff der „Trophäe“ nicht zu eng zu sehen. Es gab und gibt neben dem Kopfschmuck der Geweih- und Hornträger noch so manches, das sich als Erinnerungsstück eignet, oder dem Gebrauch dienlich ist. An oberster Stelle stehen da sicher Rauchwerk und Leder.

Hatte der Jäger der Steinzeit durch Kraft, Gewandtheit und List irgendein Tier erlegt, so wird er den selbstverständlichen Wunsch gehabt haben, es auch anderen zu zeigen. Ich vermute, dass es zunächst nur aus Freude am Besitz geschah; vielleicht, wenn es sich um ein seltenes oder besonders starkes Tier handelte, als Zeugnis seiner Tat. So wurde neben dem Wildbret als Nahrung auch die Decke, das Fell, das Gebiss, die Klauen, das Gehörn oder Geweih, die Federn und Anderes sorgsam aufbewahrt. Sicher spielten dabei mancherlei mystische Vorstellungen eine bedeutende Rolle.

Der Mensch erlebt am Tierfell, Leder, Panzer oder Stacheln Schutzformen gegen vielerlei Bedrohung. Erst das Fellkleid ermöglichte es dem Neandertaler, sich in kalten Zonen anzusiedeln. Er musste sich künstlich schaffen, was ihm die Natur versagte. Aber auch dort, wo die Gunst des Klimas Kleidung unnötig macht, gibt Gewandung Schutz, hilft aber ebenso gegen Zauber und dient der Irreführung der Dämonen (Fasnacht, Rauhnacht). Dass darüber hinaus Tierfell, Haar und Haut, wie auch Menschenhaar als zaubermächtig gelten, leitet sich aus der vielfach magischen Einordnung früher Lebenstechnik ab. Herakles trägt das unverwundbare Fell des nemeischen Löwen, den er erwürgte. Die wundermächtige und schreckenverbreitende Ägis ist ursprünglich der Ziegenfellschild der Göttin Athene. Aus Ziegenhaar musste die mosaische Altardecke gewirkt sein. Bestattungsriten in Tierhaut – wie etwa bei den französischen Königen mit Hirschdecken – weisen in Richtung Wiedergeburt und Seelenwanderung. Noch im 19. Jahrhundert galt ein weißes Ziegenfell auf dem Bett als Mittel gegen Alptraum und Huckauf, auch „Aufhocker“ genannt. Dabei handelt es sich um lauffaule Leichen, welche ahnungslosen Wanderern auf den Rücken springen und sich von ihnen durch die Gegend tragen lassen. Die medizinische Anwendung der frischen Haut, in die der Kranke gehüllt wird, soll Kraft verleihen und das Böse an sich ziehen.

Für solch wertvollen Besitz, wie es Fell und Haut darstellten, konnten unsere Vorfahren keinen besseren und sicheren Ort finden, als den eigenen Körper. Bis in unsere Zeit tragen manche Naturvölker – wie zum Beispiel die Buschmänner – alles, was sie besitzen, mit sich herum. Dieser Besitz, am Körper mitgeführt, musste sowohl als Mehrbesitz, wie als sichtbares Zeichen der Überlegenheit den Neid der Genossen und die Bewunderung der Frauen erregen. Das über die Schultern gehängte oder um die Hüfte befestigte Tierfell ist wohl in seinem Ursprung zur Schau getragene Beute, also Trophäe. Sehr bald wird der Besitzer dieser Trophäe auch deren Nutzen gegen die Unbilden der Witterung, gegen Dornen und Gestrüpp auf der Jagd und im Kampf erkannt haben. So ging diese besondere Art des Beuteschmuckes aus Leder oder Fell allmählich in das schützende Kleidungsstück über – bis heute. Denken wir nur an die kurze oder lange „Lederne“, die natürlich möglichst vom selbsterlegten Gams oder Hirsch stammen sollte. Ähnliches gilt für die im Winter getragenen Kleidungsstücke: das wärmende Innenfutter der Lodenjacke, die Handschuhe aus Murmeltierfell, den Fuchsmuff oder die Fuchshaube. Aber auch im Sommer, als letzten Schrei, der Bikini aus Marderfell. Hier spannt sich der jahrtausendealte Bogen der Jagd von der Steinzeit bis heute und gibt dem Weidwerk einen weiteren Sinn.

Dachsgraben.

In den Vorstellungen der Alten stand der Dachs den dunklen Mächten der Erde nahe und galt als zaubermächtig. – Die Darstellung stammt aus „Venationes ferarum“ von Johannes Stradanus aus dem Jahr 1578.

Der Dachs – Grimbarts Geheimnisse

Geheimnisvoll, wie die Lebensweise des Dachses, ist vielfach seit alters her das Brauchtum um diesen großen Marder. Vermutlich waren es, wie auch beim Biber, der kunstvolle Bau und das rätselhafte Nachtleben, das die Fantasie der Menschen anregte. Sah man den Biber den Wasserdämonen benachbart, stand „Gräwing“ – so lautete der altdeutsche Beiname des Dachses – den dunklen Mächten der Erde nahe und galt als zaubermächtig. Die Jäger früherer Zeiten schätzten den Dachs wegen seines Wildbrets und des Schmalzes wegen – daher auch der Name „Schmalzmann“ – sowie wegen seiner Schwarte mit dem weißschwarzen Haar. Vor allem die Rückenhaare eines alten Rüden können bis zu zwölf Zentimeter lang werden. Sie sind auch heute noch zur Fertigung von Hutbärten und vortrefflichen Rasierpinseln geschätzt. Auch brauchte man einst die Schwarten als Tornisterfelle für Jägerbataillone und als Regenschutz an Tragekörben von Maultieren. Neben der Schutzfunktion spielt hier auch der Glaube an die Kraft des Haares eine Rolle. Im Volksglauben birgt es den Seelenstoff, denn es wächst immer weiter, sogar nach dem Tode.

Wie im letzten Kapitel gesagt: Der Mensch schützt sich durch das Tierfell gegen Naturgewalten und Geister. Aber auch Haustiere schützte man durch Felle, zum Beispiel mit einer Dachsschwarte, wie ich in einem zur sogenannten Hausväter-Literatur zählenden Werk, der „Georgica curiosa“ des Freiherrn von Hohberg aus dem 17. Jahrhundert, nachlesen konnte: *„Den Hunden wurden auch Halsbänder daraus geschnitten und umgethan, als ein Schirm wider die Biß der wilden Thier und als Amulett wider die Zauberey. Solle aber auch vor der Wüte* (Tollwut) *und Taubheit bewahren.“* Neben der Schwarte und dem Fett galten die Fänge

Dachsschädel und Penisknochen.
Neben der Schwarte und dem Fett des Dachses galten die Fänge und – wie beim Fuchs – die Haken des Dachses als begehrte Amulette, die man um den Hals oder an der Uhrkette trug.

und die Haken des Dachses bei den Wildschützen und Jägern als begehrte Amulette um den Hals und an den Uhrenketten; ganz zu schweigen vom Penisknochen, mit dem man am gleichen Gehänge weibliche Wesen – zumindest zur damaligen Zeit noch – zum holden Erröten bringen konnte.

Viele Jahre schon hatte ich im Revier keine Dachse mehr gespürt. So freute ich mich, als ich Weidmannsheil in der Jagd eines Freundes hatte, bei dem er, wie die Bauern sagten, zur „Plage“ wurde. Da lag er nun, der prachtvolle Rüde, und bot mir eine ideale Gelegenheit, die hohe Wertschätzung der Beute vor meiner Tochter, die mich begleitete, zu betonen: *„Der Ranzen, oft geflickt, war stets von Beute schwer; jetzt trägt man ihn gestickt, doch ist er meistens leer!“* Gemeint ist der Jagdtaschendeckel der „Hasensärge“ aus Dachsschwarte, in denen ein *„Lampe fast spurlos verschwand“*, wie Otto von Riesenthal in seinem „Jagd-Lexikon“ im Jahr 1882 schreibt.

Während ich vom Bürzel her die ganze Bauchseite aufschärfe und Schnitt um Schnitt die Schwarte löse, erzähle ich von den vielfältigen Möglichkeiten, die uns mit diesem nässe-undurchdringlichen Leder und Haar gegeben ist. Hundehalsungen, Kummet- und Kofferbezüge, Schuhe, Tornister der Jägerbataillone wurden angefertigt; wertvolle Pinsel und Bürsten macht man noch heute daraus. Der scharfe Dachsgeruch, vor allem aus dem „Stinkloch“ zwischen Bürzel und After, verschaffte einst dem Tier apotrophäische Geltung. Früher hat man vermutet, dass Grimbart seinen Kopf während der Winterruhe bis zu den Lichtern zwischen die Hinterläufe in diese Queröffnung – auch „Saugloch“ oder „Schmalzröhre“ genannt – steckt. Die Drüsenabsonderungen dieses kleinen, inwendig behaarten Beutels entsprechen dem Castoreum, dem Bibergeil, und wurden einst zu vielfacher medizinischer Anwendung empfohlen.

Besondere Aufmerksamkeit widme ich jetzt dem Auslösen der Branten. Sie galten als die „Hände“ des Tieres, der Men-

Erzherzogin Maria Antonia von Österreich (um 1670). In ihrer linken Hand hält sie eine Kinderschepper, an der eine Dachsbrante hängt.

schenhand gleich, Werkzeug und Waffe, und dienten mit ihren scharfen Krallen als Amulett. Auch der knapp zeigefingerlange Penisknochen fand Verwendung, den wir ausgekocht und in Silber gefasst als Trophäe und Erinnerung ans Charivari *(siehe auch Seite 96)* hängen wollen – wie die „Marderboandln“, die uns im rezenten Brauchtum des Alpenraumes entgegentreten.

Da wir den Schädel als Trophäe ganz lassen, empfehle ich meiner Tochter Ariane einen Besuch im Bayerischen Nationalmuseum mit seiner Sammlung von Zahn- und Kieferamuletten, wir sind schon darauf zu sprechen gekommen. Besonders beeindruckend sind dort die gefassten Mardergebisse. Häufig sind Ober- und Unterkiefer mit einem Scharnier verbunden, um durch Auf- und Zuklappen die Drohung an böse Geister und die „magische Rüstung“ noch zu verstärken. Den gesamten Dachskopf mit aufgesperrtem Rachen, dazu ein roter Lappen mit der Schwarte über das Pferdekummet geworfen, galt einst in

Dachsschwarte mit aufgesperrtem Fang, über einen Pferdekummet geworfen.

Dies sollte in alten Zeiten Dämonen abwehren.

Vom Dachse

„Seine Haut ist trefflich dauerhaft, allerhand zu bedecken, daß der Regen nicht durchweichen kann. Sein Fett ist nach seiner Güte vieles werth. Wenn ein Mensch gestürzt ist und Stechen im Leibe hat, so darf ihm nur dieses Fett mit warmem Biere eingegeben und er darauf warm zugedeckt, und wenn sich auch am Leibe was verstaucht und verschoben hat, sowohl innerlich eingegeben als auch die verrenkten und verstauchten Glieder warm damit etliche mal geschmieret werden. Es ist auch so durchdringend, daß es sogar den Knorpel erweicht, und wo sich auch in den Junkturen was Unrechtes befindet oder hingesetzt hat, davon ich viele Proben in eigener Erfahrung habe. Aber bei Achsel-, Arm- oder Beinbrüchen ist es nicht zu gebrauchen, denn es weicht sonst den schon zusammen verknorpelten Bruch wieder auf."

Aus: Heinrich Wilhelm Döbels
„Jäger-Practica",1746.

„Eine Dachskeule mit Blumenkohl oder Birnen ist ein ganz angenehmes Gericht"

Aus: Dietrich aus dem Winkells
„Handbuch für Jäger, Jagdberechtigte
und Jagdliebhaber", 1804.

der Volksmeinung als wirksame Dämonenabwehr. Bei einem zweispännigen Fahrzeug musste das rechte Pferd damit gewappnet werden. Das linke Pferd hatte ja den Fuhrmann mit der Peitsche neben sich, der das Fuhrwerk führte und schützte.

Vor dem Aufbrechen und Zerwirken des Tieres macht uns das Ablösen des Fetts im Lichte der Stirnlampen Probleme. So verstauen wir das einst sehr wertvolle und wichtige Heil- und Brennmittel im Rucksack. Auf dem Jagdhaus wollen wir die beiden durch einen schmalen Wildbretstreifen verbundenen Teile trennen und auslassen. Wir werden es vor allem, nach alter Familientradition, vermischt mit Reiherfett als Lederschmiere einsetzen. Auf dem Rückweg erzähle ich meiner Tochter noch von der Heilwirkung des Fetts, das Hildegard von Bingen als Heilmittel bei Hals- und Gelenkschmerzen, Nabel- und Leistenbrüchen sowie Durchblutungsstörungen empfahl. Hildegard, die Äbtissin des Klosters am Rupertsberg in Bingen, ist eine der Persönlichkeiten, die seit dem 12. Jahrhundert durch ihr Wissen und ihre Visionen bis in unsere Zeit leuchtet. In einem ihrer wissenschaftlichen Werke lesen wir über die Dachsschwarte: *„Es ist auch große Kraft im Fell, denn daraus mach einen Gürtel und umgürte dich damit um die nackte Haut, und alle Krankheit wird in dir aufhören, (...) mach auch Schuhe und Halbstiefel aus diesem Fell und ziehe sie an, und du wirst gesund sein an Füßen und Beinen."* Bei Hildegard-Medizinern ist die Verwendung des Dachsfelles heute als Nierengurt, Schuhwerk und Schuhsohle sehr beliebt. Es ist etwas ruppig, starr und leicht stechend. Die Haare sind hohl und daher gute Wärmespeicher. Auf der Haut getragen, spüren wir ein ständiges leichtes Prickeln und damit die erwünschte, belebende Mikrozirkulation.

Wir hatten vorhin davon gesprochen, dass wir den Penisknochen des Dachses ans „Charivari" hängen wollten. Bleiben wir kurz bei diesem Thema.

Das Charivari – ein Schmuckstück und Komposit-Amulett

Wir Jäger sind stolz darauf, der ältesten Betätigung der Menschheit nachzugehen. Es gibt auch kaum eine Beschäftigung, die mit so viel Tradition behaftet ist, wie das Weidwerk. Wie wenig wir jedoch wirklich über die genaue Bedeutung und Entstehung so manches Brauches wissen, möchte ich am Charivari zeigen.

Charivari – das Ganze ist mehr als die Summe seiner Teile. Das Charivari dürfte seinen Ursprung in der französischen Chatelaine haben, einem Gürtel, an den man allerlei kleine Kostbarkeiten hängte.

„Das Ganze ist mehr als die Summe seiner Teile" – diese Worte des griechischen Philosophen Aristoteles passen auf das Charivari, das heute in Trachten- und Jägerkreisen wieder fröhliche Urständ feiert. Es soll sich aus der Chatelaine entwickelt haben, die von uns einst von den Franzosen übernommen wurde. Vom frühen Mittelalter bis ins 16. Jahrhundert war sie ein aus zahlreichen Metallgliedern zusammengesetzter, beliebter Frauengürtel. An ihn hängte man allerlei kleine Kostbarkeiten, wie Schlüssel, Nadelbüchsen, Fächer, Necessaire, Riechfläschchen und dergleichen mehr. Unter Ludwig XIV. wurde die Chatelaine auch zur unentbehrlichen Uhrkette für die vermögende Männerwelt. An ihr hingen bald nicht nur die schwere Taschenuhr mit dem fein gearbeiteten Schlüssel und das Petschaft, sondern viele zierliche Anhängsel, die man „Berlocken" nannte. Natürlich war es zum Ende des 18. Jahrhunderts auch in Deutschland üblich, die Uhr in der Westentasche zu tragen

Mankei-Schädel, darunter Mankei-Nager, an einer Uhrkette.
Für die Bewohner der Berge lieferte das Mankei eine Menge Material für die Volksmedizin. Die geheimnisvolle Lebensweise unter der Erde und vor allem der Winterschlaf gaben Anlass für Zauber- und Wunderglaube.

und mittels einer breiten Kette mit einem Knopfloch zu verbinden. Im „Wildanger" von Franz von Kobell (1803 bis 1882) – der „Bibel bayerischer Jagd" – fand ich einen Hinweis, der sich auf Kobells Uhrkette bezieht. Der Professor für Mineralogie und Jagdfreund des bayerischen Königs schreibt in einem Kapitel über „Murmelthierjagd. Mankei-Passen":

> ... und ich wollte gerne einmal Mankeizähne, wenn auch nicht erster Qualität, erbeuten, um sie am Uhrgehäng zu tragen, wie man es bei den Gebirgsjägern oft sieht. Es ist mit solchen Dingen nicht eigentlich wegen des Schmucks, daß man sie haben will, sondern wegen des Erzählens, wenn Einer gelegentlich fragt, was das für Zähne seyen; denn im Erzählen macht man die Jagdscenen immer wieder durch, und handelt es sich um einen seltenen Fall, so bemerkt man gerne, wie die Anderen begierig oder auch neidisch zuhören.

Ein besonders schönes und wertvolles Charivari, das einem Zeitgenossen Kobells gehörte, konnte ich während meiner Zeit als Direktor des Deutschen Jagd und Fischereimuseums als Dauerleihgabe in den Sammlungen zeigen. Einst trug es, mit der dazu ausgestellten silbernen Uhr, Maximilian Graf von Arco-Zinneberg (1811 bis 1885), der durch seine wagemutigen Adlerfänge und den Ganghofer-Roman „Schloss Hubertus" in die Jagdgeschichte einging.

Die Anhängsel am Charivari des Adler-Grafen

Es liegt nahe, dieses Schmuckstück auch als Komposit-Amulett zu bezeichnen. Fast alle dieser kleinen, in Silber gefassten Anhängsel stammen aus der Tierwelt und haben Talisman- oder Amulettcharakter. Der Brauch, dass man neben Silbermünzen und Standeszeichen auch kleine „Jagdtrophäen" trug, erfreute sich im alpenländischen Raum großer Beliebtheit und geht auf uralte Wurzeln zurück. So empfiehlt zum Beispiel Hildegard von Bingen neben mineralischen und pflanzlichen auch tierische Substanzen als Hilfsmittel, die durch physischen, äußeren Kontakt oder auch allein durch das Getragenwerden Heil und Segen bringen und vor Dämonen schützen.

Ob der Adlergraf abergläubisch war, wissen wir nicht. Sicher überliefert ist, dass er sich mit seinen Jägern gerne in einfachen Holzhütten und auf Almen aufhielt. Bestimmt hat er dabei auch von den Ängsten der Gebirgler erfahren: von Unholden, von Geistern und Dämonen, die nur der Wissende mit geeigneten Mitteln abwehren konnte. Vielleicht stammen sogar einige der 35 Charivari-Anhänger von diesen bäuerlichen Freunden. Da sind etwa die vier Biberzähne in Silberfassung. Gerade die Lebensweise dieses Tieres – das Anlegen von Burgen, die Fähigkeit, zu schwimmen, zu tauchen, und vor allem die ungeheure Kraft der Zähne – flößten den Menschen seit Urzeiten Bewunderung ein. Besonders von Zahnamuletten versprach man sich Hilfe, denn

Charivari des Adlergrafen. Zähne, Klauen und Krallen hatten übernatürliche Bedeutung. Sie konnten Dämonen abwehren, Geld anziehen und Schmerzen lindern.

unausweichlich war der Mensch dem Zahnschmerz ausgeliefert. Sogar an Rosenkränzen und an Fraisketten (mittelhochdeutsch *fraisa* = „Not", „Gefahr") befestigte man Tierzähne oder verkaufte sie pulverisiert in Apotheken gegen das Zahnweh. Ähnliches galt sicher auch für die Schneidezähne der Murmeltiere, von denen wir acht am Charivari des Grafen finden. Für die Bewohner der Berge lieferte das Mankei eine Menge Material für die Volksmedizin. Auch hier ist wieder die geheimnisvolle Lebensweise unter der Erde und vor allem der Winterschlaf der Anlass für Zauber- und Wunderglaube.

Zähne sind auch wirkungsvolle Waffen der Tiere. Der Besitz solcher Waffen, etwa Keiler- oder Wolfszahn an der Uhrkette, war nicht nur Schmuck, sondern Zähne galten als Akkumulatoren der Kraft.

Besondere Amulettbedeutung kommt den kleinen Kümmerergeweihen zu, wie sie auch als sechs in Silber gefasste „Knopfer" am Charivari von Graf Arco hängen. Seit alters her haben das Abwerfen und die Wiedererneuerung des Geweihes mystische Vorstellungen ausgelöst. Der Hirsch oder Rehbock entledigt sich seiner Waffe und schenkt sie dem Menschen. In vielen Kulturen wurde gerade der Hirsch als heilbringendes Tier verehrt. Auch die Mythen und Sagen vom Julhirsch haben sicher dazu beigetragen, den Hirsch im Volk lebendig zu erhalten. Auch als „abgekürzte Jagd" wird er in der bäuerlichen Kunst auf Möbeln, Keramik, Lederwaren und anderem dargestellt.

Der Hirsch mit der Pflanze (Dreispross) im Äser scheint mir hingegen anderen Ursprungs zu sein. Ich vermute, er gehört dem Gedankenkreise des antiken „Physiologus" an. Diese Anschauungen über das Leben der Tiere spiegeln sich auch noch im 13. Jahrhundert in den Schriften der heiligen Hildegard, in denen sie vom Hirsch Folgendes berichtet: Wenn der Hirsch das

Kümmerergeweihe, in Silber gefasst, und ein Wolfszahn.
Kümmerergeweihe hatten stets eine besondere Amulettbedeutung. Seit alters her lösten das Abwerfen und die Wiedererneuerung des Geweihes mystische Vorstellungen aus.

Ein Symbol der Erneuerung: Der Hirsch mit der Pflanze im Äser.

Das Finden des Lebenskrautes durch den Hirsch sieht man hier in einer sehr alten Darstellung.

Alter herannahen fühlt, zwingt er eine giftige Schlange, durch sein Gebrüll in Wut gebracht, in sein Maul zu springen. Er eilt sodann nach einem „Queckborn“, wo er durch reichliches Saufen den „Unk“ in seinem Bauche ertränkt. Er frisst dann mehrfach purgierende (abführende) Kräuter und gewinnt dadurch seine alte Kraft zurück.

Der Jäger von heute schätzt neben dem Hirschgeweih die Eckzähne des Rotwildes als Erinnerungsstück und Trophäe, die Grandeln. Für unseren Grafen Maximilian von Arco-Zinneberg, der Mitte des 19. Jahrhunderts die größte Trophäensammlung seiner Zeit anlegte – wir haben uns am Anfang des Buches damit beschäftigt –, waren für ihn die vier Grandel-Anhängsel vielleicht doch *auch* Amulette?

Neben der silbernen Uhr und einem Etui mit herausragend schönen Grandeln konnte das Charivari von Graf Arco einst im Weißen Saal des Deutschen Jagd- und Fischereimuseum in München bewundert werden. Bei allen meinen Führungen durch die Sammlungen war dieses Schmuckstück aufgrund seiner Originalität ein gutes Anschauungsbeispiel, um auf die Grundsatzfrage „Warum Jagd und Trophäe?“ einzugehen. Unter den Zahn- und Geweihanhängseln an einem Silberreif befinden sich auch drei Krallen: Pfote, Klaue und Kralle sind die „Hände“ der Tiere, Werkzeug und Waffe. Im Mittelalter glaubte man, dass Greifvogelkrallen Geld anziehen. Da Graf Arco sehr vermögend war, stellte die große Adlerkralle an seinem Uhrenschmuck sicher eher eine Trophäe, ein Siegeszeichen dar. Denn in seiner Zeit galt das Erlegen der Steinadler oder das Aushorsten der Jungen als rechte Heldentat. So wurde Arco aufgrund seiner wagemutigen Aushorstungen vom Volk „Adlergraf“ genannt, und sein Charivari kündet von diesen Taten.

Die Namensgebung

Bei meinen Forschungen nach den Ursprüngen des Charivaris und seines Namens, stieß ich auf eine Veröffentlichung im Deutschen Jagdarchiv, Braunschweig. Doktor Karl Sälzle, ehemals Direktor des Deutschen Jagdmuseums, mit dem ich viele Jahre zusammenarbeitete, schreibt:

> Denn Charivari ist eine schon 1737 vorkommende französische Wortbildung unbestimmter Abstammung, die so viel wie Straßenlärm, Katzenmusik, buntes Durcheinander und heute Polterabend bedeutet; auch geräuschvoller Trubel ist dafür zu finden, und der Name der politisch-satirischen Zeitschrift, die 1832 gegründet wurde und sich Charivari nannte, wird wohl nicht ganz unberechtigt gewesen sein.

Von Sälzle erfahren wir weiter, dass unverheirateten Paaren in der Brautnacht oft keine Ruhe gelassen wurde. So bestand in Unterprechthal im Badischen der Brauch, eine Stunde nach dem Zubettgehen mit Melkkübeln, Sensen usw. einen Heidenspektakel zu vollführen, der „Scharewares“ also „Charivari“ genannt wurde.

Es scheint also, dass man mit „Charivari“ immer etwas völlig Ungeordnetes und dazu Lärmendes verbunden hat, was wohl einst einen Witzbold veranlasst haben mag, das Klirren dieser zumeist ohne Regel aneinandergefügten Chatelaine-Anhänger bei jedem Schritt mit diesem Wort zu verbinden. Wer auf den Gedanken kam, all die hübschen Pretiosen der Uhrkette, wie Silbermünzen, Zunftzeichen, Kreuze, Ross und Rind in zierlichem Abbild, durch meist kleine aus der Tierwelt stammende Anhänger zu ersetzen, weiß man natürlich nicht. Vielleicht war es ein Jäger? Sicher aber stammt Vieles aus dem alten Amulettwesen, was aber später von den Trägern solcher Prunk- und Protzketten vielfach nicht mehr verstanden wurde.

Auch ich habe im Laufe meines Jägerlebens so manche persönliche rare Trophäe zu den alten Anhängseln und Amuletten an meine Uhrkette gehängt, sie sorgsam aufbewahrt, stolz getragen und im Stillen zu mir gesagt: „Hilft's nix, so schadt's nix" – aber schön ist es in jedem Fall, mein Charivari.

Hase und Kaninchen – vergöttert bis in die Löffelspitzen

Eine tiefe Symbolik umgibt diese Tierarten, die in der Antike und im Christentum für Liebe und Fruchtbarkeit standen. Sie waren Venus und Maria gleichermaßen zugeordnet. Bei den Römern waren Märzhasen wichtige Fruchtbarkeitsopfer, und bereits der antike griechische Schriftsteller Plutarch sah in der Schnelligkeit und Wachsamkeit des Hasen etwas Göttliches. In der mittelalterlichen Kunst taucht er stets als Gottessymbol auf, und Künstler wie Tizian, Holbein, Schongauer und vor allem Albrecht Dürer (1471 bis 1528) vertiefen mit ihm den Symbolgehalt ihrer Werke. Dürers erster gemalter Hase hängt jedoch als Jagdbeute auf einem Markt in einer Wildbretbude an einem Haken. Wenig später lässt der Maler in seinem Werk „Ankunft der schaumgeborenen Venus“ einen nach einem Kaninchen haschenden Amoretten als Symbol für die Gefilde der Venus auftreten. Aufgrund der immensen geschlechtlichen Aktivitäten, die man den Langohren nachsagte, verbot Papst Zacharias im Jahr 752 aus Besorgnis, dass die *„Geylheyt von Hasen“* Menschen anstecken könnte, den Genuss von Hasenwildbret. Ich vermute, dass deshalb in Klöstern der Hasenbraten in ein schmackhaftes Hasengebäck verwandelt wurde; ähnlich dem Trick mit dem Biber, der als Wasserbewohner wie der Fisch als Fastenspeise galt. Bereits der römische Gelehrte Plinius war der Meinung, dass Hasenfleisch schön mache sowie für neun Tage „Wohlgefälligkeit“ verschaffe und außerdem gegen Unfruchtbarkeit von Frauen wirke. Den Männern riet er, Geschlechtsteile von Häsinnen und Hoden von Rammlern zu essen sowie Fruchtwasser junger Hasen zu trinken. Man hat mir glaubhaft erzählt, dass bis ins 19. Jahrhundert hinein bei Burschen im bayerischen Oberland die Blume des Hasen sowie die Fuchslunte zur Steige-

Hasen-Triskele (in dieser Abbildung mit sechs Ohren statt drei) – einprägsames Bildzeichen für Fruchtbarkeit und Leben.

Der Hase ist in fast allen Kulturkreisen ein symbolträchtiges Tier. In der Antike ist er als Attribut der Jagdgöttin Artemis (Diana) zugeordnet. Im christlichen Kulturgut fehlt er auf keinem Schöpfungsbild und ist Sinnbild der Verwandlung und Auferstehung.

Der Kreis als Symbol der Einheit, des umfassenden und unendlichen Lebens unterstreicht in seiner harmonischen Symmetrie die göttliche Trinität der Hasen.

rung der Libido geschätzt waren. Einem ähnlichen Zweck soll auch der „Hasensprung" gedient haben, der im Hosensack getragen wurde. Heinrich Wilhelm Döbel erwähnt in „Jäger-Practica" im Jahr 1746 diesen kleinen Knochen *„... etwan eines halben Zolls lang ist und in den Hinterläufen in dem Gelenke an der Hesse sitzet"*. Weiters hält er als „nützliche Hausmittel" fest:

> Wenn in dem Schweiße von denen Hasen, besonders so den 1. März oder auch den ersten Freitag im März geschossen worden, eine rohe leinwanden Tuch (so der Schweiß noch warm ist) recht wohl eingetunkt wird, und man es so trocken werden läßt, ist ein vortrefflich Mittel vor die Rose, wenn dieses Tuch aufgebunden wird. Das Gehirne aus dem Hasenkopfe, den kleinen Kindern, so Zähne anfangen zu kriegen, gegeben, befördert, daß sie gar leicht durchkommen. Der Hasensprung ist gut, den gebärenden Weibern gepülvert einzugeben; ingleichen vor die Colica. Das Hasenfett aufgelegt, wo man einen Dorn oder ein Holz sich eingestochen, ziehet denselben heraus; ingleichen Beulen oder Geschwäre, so nicht aufgehen wollen, macht dies Hasenfett bald auf; auf die Leichdorn (Hühneraugen) gelegt, so sie vorher ein bisschen beschnitten sein, vertreibt selbiges auch.

Die Hasen-Triskele

Zuletzt möchte ich noch auf die symbolträchtigen „Drei vereinigten Hasen" hinweisen, die in vielen Kirchenfenstern verewigt wurden und sich in Jägerkreisen großer Popularität auf Schießscheiben erfreuen. *„Drei Hasen und der Ohren drei, und doch hat jeder zwei!"* Dabei sind drei Hasen so angeordnet, dass zwar jeder Hase zwei Ohren hat, auf dem Motiv aber insgesamt nur drei Ohren dargestellt sind. Sie sind durch die Löffelspitzen miteinander verbunden, durcheilen ein Rund, das die Ewigkeit anzeigt. Sie sehen und hören gemeinsam und gelten in ihrer harmonischen Symmetrie als Symbol der Trinität – einer Einheit des umfassenden und unendlichen Lebens.

„Der Auerhahn gleicht einer Mythe aus uralter Zeit, aus einer Zeit, in der es noch keine Menschen gab."
(Nach einem Original von Hubert Zeiler.)

Auerwild – geheimnisvolle Sänger im frühen Morgengrauen

„Der Auerhahn gleicht einer Mythe aus uralter Zeit, aus einer Zeit, in der es noch keine Menschen gab." – Mit diesem Satz beginnt Hans Fuschelberger sein „Hahnenbuch". Er hat es 1940 geschrieben und bereits die Umweltveränderungen angesprochen, die den Auerhahn, den scheuen und stolzen Fürsten des Frühlings, bedrohen. Bereits ein Mandat aus dem Jahr 1551 zeigt, dass man schon damals viel von Hege hielt. Herzog Albrecht von Bayern befiehlt darin, das Fangen von Auerhennen, vom Haselhuhn usw. drei Jahre lang einzustellen. Vielfach – bis ins 18. Jahrhundert hinein – war der Auerhahn als Jagdwild besonders hochgestellt und manchmal dem Hirsch gleich geachtet. Mit besonderem Glanz wurde bis 1827 die Auerhahnfalz – seit mehr als hundert Jahren – auf der Herrschaft Malwitz in Schlesien gefeiert. Es versammelten sich dort alljährlich die Ritter eines Auerhahnordens, die am Morgen auf die Falz gingen, um sich dann zu Mittag die Jagderlebnisse mitzuteilen.

„Schaw auf des awarhannen falzen / Vnd scheuß inn, wenn er lang tuet schnalzen", singt Hans Sachs 1547, zu einer Zeit, in der das Auerwild vor allem in der Küche in sehr hohem Ansehen stand. Heute sind es meist nur mehr die Präparatoren, die den raren und köstlichen Braten unserer Waldhühner zu schätzen wissen. Ich habe dieses Buch mit einer Hahnenpirsch eingeleitet, und, nachdem ich damals nach manch vergeblichem Pirschgang Weidmannsheil hatte, das Wildbret mit Genuss verspeist. Natürlich habe ich vorher den Federbalg „gestreift" und, wie es Brauch ist, mir die seltenen Trophäen – Weidkörner und Haken (bei der Schnepfe nennt man sie „Malerfedern") – angeeignet. Bereits

seit Jahrzehnten ist in Deutschland die Jagd auf den Großen und Kleinen Hahn gesperrt, in Österreichs kann sie noch mit Sondergenehmigung ausgeübt werden – wie lange noch? Die Balzjagd auf den Ur- und Spielhahn ist im Europaparlament nicht unumstritten. Außerhalb des deutschen Sprachraumes ist die Balzjagd vielfach geradezu verpönt. Gejagt wird in vielen Gebieten, etwa in Skandinavien oder Russland, von den Einheimischen ausschließlich für den Kochtopf, und man rupft die Vögel nach dem Erlegen wie bei uns Rebhühner oder Fasane, und keiner kümmert sich um eine Trophäe.

Ein völlig anderes Bild zeichnet Edward Czynk in seinem 1897 erschienenen Werk „Das Auerwild", in dem er auch über seine Trophäen aus den transsylvanischen Karpaten berichtet:

> Oft weilt mein Blick stundenlang auf meinen Jagd-Trophäen, und immer wieder kehrt er zu meinen „ewig" balzenden Hähnen zurück, um mit immer gleichem Wohlgefallen auf ihnen haften zu bleiben. Doch nicht nur ganz ausgestopft, sondern auch nur zum Teil erhalten, z.B. der Kopf und Kragen mit dem schillernden Bruststück, Flügel und Stoß auf einer Tablette angebracht, wie z.B. Geweihe, Gehörne und Wildköpfe, gereicht der Auerhahn jedem Waidmannsheim zur Zierde, wie denn auch die Füße als Briefbeschwerer, die Zehen als Broschen und Uhranhängsel, der Stoß als Damenfächer, die Flügel als Federwische, das Gefieder von Brust und Unterstoß als Hutschmuck Verwendung finden, und somit den Schaden, den das Auerwild anrichtet, als ein geringer erscheint.

Mit dem Schreiben dieses Buches habe ich die Absicht verbunden, dem historisch Interessierten einen kleinen Blick in das Schatzkästlein des alten Jäger- und Volksglaubens zu ermöglichen. Für den jungen Jäger sind die Zeilen vielleicht Anregung, wie unsere „Vorderen" in der Jagd mehr zu sehen als nur die „Hörner". Es entspricht unserem jagdlichen Brauchtum, die Trophäen des erbeuteten Wildes würdig zu behandeln. Wir gerechten Jäger ehren damit das Wild und heben die ethischen Werte des Weidwerks hervor – einer uralten Betätigung des

Graf Silva-Tarouca mit 24 an einem einzigen Balzmorgen im Jahr 1914 in der Steiermark erlegten Auerhahnen.

Menschen. Natürlich ist es für mich heute sehr leicht, meine Nahrung im Supermarkt zu kaufen und vor allem meine medizinische Versorgung in der Apotheke oder beim Arzt zu sichern. Bis fast in die Mitte des zwanzigsten Jahrhunderts jedoch war der Mensch den meisten Krankheiten hilflos ausgeliefert. Vielfach waren die Objekte, die wir heute als Trophäen aufbewahren, für unsere Altvorderen bei Krankheit und Not von großer Bedeutung. Sie waren wertvolles Gut beim Heilen. Manchmal muss man hinabsteigen in den tiefen Born dessen, was seit Jahrhunderten, vielleicht Jahrtausenden – manchmal heimlich – von Mund zu Mund weitergetragen wurde.

Kiem Pauli, der bayerische Volkssänger und Liedersammler, macht uns mit seinem Lied „Fangt scho des Fruahjahr o" *(siehe nächste Seite!)* mit der Auerhahnjagd bekannt. Bereits 1929 hat er es mit dem Tegernseer Trio auf Platte aufgenommen und schildert „zünftig" das Anspringen des Hahnes. Und das Besondere daran ist die „Trophäe", die er in der 11. Strophe besingt – die Zunge.

Fangt scho des Fruahjahr o

Fangt scho das Fruahjahr o,
singt scho dar Auerhoh,
alls im Wald singt und schreit
vor lauta Freud.

Da Hans moant: „Es wurds scho toa,
gehn ma´n nur o, den Hoh,
am Irta in aller Fruah,
spring ma eahm zua."

In da Fruah umra zwoa
kimmt der Hans mit sein Gschroa.
„Schlag ma de Tür net z´samm!
Auf in Gotts Nam!"

Mia gehngan furt mit Freud,
rast ma, mia habn no Zeit,
no singt a net da Hoh,
raach mar uns oans o.

Der Aufvogl singt und lacht,
bald is sie gar, de Nacht.
Aft loos ma und spür ma fei
in´n Wald hinei.

Da Hans stößt mi: „Hörn S´ an Hoh?"
Den Hoh, den hör i scho:
Digl digl dak, digl digl dak,
und wuaglazt schö nach.

Aft spring i in de Dax,
übramal wars hübsch wax,
i spring am Zau(n) recht schö,
laßt er mi steh.

Wiar i a Wei obnsteh,
tuat ma da Fuaß scho weh:
„Fang doch bald wieda o,
mei liaba Hoh!"

Aft gehts wieda: „Digl digl dak",
i spring vom Zaun flink ab,
kimm zuawe mitra paar Tritt
aufra zwanzg Schritt.

Da Hans moant, es waar zvui Nacht,
dawei aber hats scho kracht.
Da Hans fragt mi: „Habn S´ den Hoh?"
Den Hoh han i scho.

Es is a großmächtiger,
an alter, a prächtiger.
„De Zung, Herr, ´s is koa Gspoaß,
is guat für d´Froas."

„Aba Hans, pack an Hoh guat!"
Gehn mas mit frischem Muat.
Die Amsl und da Rotkropf singt,
der ganze Wald klingt.

Unter *Frois* – Fraisen – verstand man Krämpfe, die man einst mit Hilfe der Auerhahnzunge zu lösen versuchte. Für mich ist bei diesem uralten Aberglauben eine Ähnlichkeit zwischen den Balzlauten und dem Tanz bei der Bodenbalz mit dem Krankheitsbild der Epilepsie gegeben. Die „Fallenden Leute", also Epileptiker, waren es nämlich, die sich Heilung von einer im Schatten getrockneten und als Amulett getragenen Auerhahnzunge erhofften. Hier kommt wieder der tiefe Glaube an eine Wechselbeziehung zwischen Dingen und Kräften zum Tragen, welche im mythischen Volksglauben gleich geachtet wurden. „Similia similibus curantur" – Gleiches wird mit Gleichem kuriert.

Die Fraiskette

Seit apostolischer Zeit ist in der Kirche die Vorstellung wirksam, dass die ganze Schöpfung, die Natur, aber auch die Geisterwelt vom Wirken Gottes, aber auch vom Teufel abhängig ist. Es kommt, analog zur heidnischen Übung, auch bei den Christen der Brauch auf, Amulette mit Emblemen, Zeichen und Bildern religiösen Volksglaubens am Körper zu tragen oder aufzuhängen. Dabei konkretisieren sich vor allem mit Beginn des 17. Jahrhunderts nicht nur kirchliche Traditionen, sondern auch heidnisch-antike. Insbesondere durch die Wissenschaft jener Tage – die Geheimlehren, Magie, Dämonologie, Medizin und Naturwissenschaft – kam es zu einer Vermischung von heiligen Zeichen und

Heil versprechenden, amulettwertigen Objekten wie zum Beispiel tierischen oder pflanzlichen Substanzen. So war noch im 17. Jahrhundert das Amulett als Arznei definiert, die man sich um den Hals hängt. Betrachtet man aufmerksam die Darstellungen von Kindern in Galerien der österreichischen und deutschen Adelshäuser, fallen immer wieder Amulette an Bändern oder Ketten auf, die um den Hals getragen werden. Schloss Ambras in Innsbruck zeigt ein besonders schönes Beispiel, das Bildnis des eineinhalbjährigen Erzherzogs Karl Joseph (1649 bis 1664). Der mit einem Kleidchen angezogene Knabe trägt eine über der rechten Schulter zur linken Seite verlaufende Halbedelsteinkette, an der verschiedene Amulette wie Neidfeige, Pomander, Bärentatze, Nuss, Tierfell und Glocke hängen. Diese Kette trug vierzehn Jahre vorher bereits seine Schwester Maria Anne, was uns zeigt, wie hochgeschätzt sie im Familienbesitz von Kaiser Ferdinand III. (1608 bis 1659) war.

Christliches Gebet und heidnischer Aberglaube

Sehr beliebt waren im süddeutschen und alpenländischen Raum diese Amulettketten, die man „Fraisketten" nennt. Sie dienten als Abwehrzauber gegen Krankheit und schlechte Einflüsse. *Fraisen* oder *Frais* leitet sich, wie gesagt, aus dem mittelhochdeutschen Wort *Fraisa* ab und bedeutet „Not" oder „Gefahr". In volksmedizinischer Vereinfachung wurden darunter letztlich alle Krankheiten verstanden, die von krampfartigen Erscheinungen begleitet sind. Besonders Kindern hängte man kleine „Jagdtrophäen" wie Wolfszahn, Bärenkralle, Auerhahnzunge, Herzkreuz und andere Heil versprechende Amulette an Bändern um den Hals. Man scheute sich nicht, diese heidnischen Objekte mit christlichen Symbolen wie Wallfahrts-Erinnerungsmedaillen und kleinen Reliquien zu mischen. Erkrankung und andere Widerwärtigkeiten des Lebens verstand der Mensch schon immer als

Wolfszahnlutscher an einer Korallen- und Goldkette in der Linken, Gebetbuch in der Rechten.

Das Bild zeigt Margareta Fetzerin und wurde von dem Nürnberger Lorenz Strauch (1554 bis 1630) gemalt.

Bedrohung durch übernatürliche Kräfte. So lag es in ihrem Bestreben, das nicht Fassbare oder Überirdische anfassbar – also sichtbar und berührbar – zu machen. Der Mensch glaubte an das Amulett. Es war ihm von alters her Schutz vor Unbilden der Natur, vor Anwünschungen, Geistern, Hexerei und Krankheit. Böse Kräfte, die auf den Menschen einwirkten, konnten so neutralisiert werden. Glück und Unglück waren damit beeinflussbar. Zauber wurde mit Gegenzauber beantwortet.

Sogar der berühmte Gelehrte und Heilkundige Paracelsus (1493 bis 1541) war der Meinung, dass die erhabenste Medizin die Lebenskraft von einer Kreatur auf eine andere überträgt und die Gesundheit stärkt. Seine Heilungserfolge waren legendär, trugen ihm aber auch die erbitterte Gegnerschaft von etablierten Medizinern und Apothekern ein.

Auch die katholische Kirche musste immer wieder Stellung gegen bestimmte Anwendungen von heidnischem Amulett- und Trophäenbrauchtum nehmen, war aber selbst durch Wallfahrt und durch Reliquienkult in der Volksfrömmigkeit nahe an den Aberglauben gekommen. Bei Anrufen von Heiligen wie dem Hl. Valentin bei der Fallenden Sucht (Epilepsie), den Hl. Vitus bei Veitstanz oder der Hl. Katharina bei Katarrh, setzte die Kirche auf Heilung durch den Gleichklang des Namens mit der Krankheit. Mit dieser Strategie hoffte man auf die Ablösung des „alten Aberglaubens", der zum Beispiel eben behauptete, dass die Zunge eines bei abnehmendem Mond geschossenen Auerhahnes Krämpfe bei Kindern vertreibe – aber nur, wenn sie dem Kind im Zeichen des Krebses umgehängt wurde!

Allbeseeltheit der Natur

Der kulturell aufstrebende Mensch machte sich bestimmte Vorstellungen über seine Umwelt. Da er sich die ihn umgebenden Erscheinungen nicht erklären konnte, kam er zu der Auffassung, dass alles in der Natur belebt und beseelt sein müsse. Nicht nur Mitlebewesen, auch Pflanzen, Steine, Felsen, Flüsse, Seen, die Gestirne und selbst Naturerscheinungen unterlagen in seinen Augen magischen Mächten. Auch gegenüber Unglücksfällen, Ausbleiben der Erfolge auf der Jagd und im Krieg sieht er sich in einer Lage, für die er Hilfsmittel braucht. Es müssen seiner Ansicht nach immaterielle Kräfte am Werk sein, die alle diese Dinge verursachen. So sieht er auch im Auftreten von Krankheiten die Ursache im Einwirken überirdischer Wesen und feindlich gesinnter Mächte, die in den Körper eingedrungen waren.

Dämonen als Krankheitsursache

Wie wir bei sämtlichen Naturvölkern des Erdenrunds – oft trotz Christianisierung – bis heute dem Dämonenglauben begegnen, so lebte er bei uns bis ins 19. Jahrhundert hinein. Vor allem im Alpenraum hielt sich im Volksglauben die Angst vor unheimlichen, Mensch und Haustier mit Krankheit und Unglück bedrängenden Mächten, vor allem bei Jägern, Wilderern, Köhlern, Pechlern, Kräutersammlern und Einsiedlern, den „Kundigen". Sie gingen in den Augen der Bevölkerung ein besonderes Risiko ein, da sie im feindseligen Wald unterwegs waren. Sie kannten aber auch wirkungsvolle Gegenmittel bei Krankheit und konnten Hexen, die Drud, den Alb und andere Nachtgeister abwehren oder konnten den „Gegenzauber" – Geweihe, Hörner, Krallen, Zähne, Organe, Fett, Magensteine, Knochen, Fell und Anderes, – als Menschen, die im Walde hausten, besorgen. Bis ins 19. Jahrhundert hinein wurde mancherorts der Jäger als Heilkundiger und Zauberer angesehen, der das sonst so scheue Wild zu bannen vermochte. Er war beim Teufel in die Schule gegangen und hatte oftmals einen Pakt mit ihm abgeschlossen. Deshalb sollte der Jäger auch keine Wöchnerin oder deren Neugeborenes besuchen…

Balzmorgen im Reich des Kleinen Hahnes (Nach einem Original von Walter Niedl).

Das Werben des Birkhahnes um die Hennen war Vorbild für die Schuhplattler. Mit seinem Tanz verband man Kraft und Lebensfreude.

Der Kleine Hahn – Tanzmeister der Schuhplattler

Nicht anders als beim Großen Hahn hat auch die einzigartige Balz oder Falz des kleinen Vetters die Menschen in ihren Bann gezogen. Das Werben um die „Weibchen“ und der Kampf um sie fanden sichtbaren und vor allem auch hörbaren Ausdruck beim „Schuhplattler“. Die sichelförmigen Stoßfedern des Birkhahnes waren Gegenstand heißer Sehnsucht der Burschen im Gebirge, viel begehrter als das Edelweiß. Der durch den Vogel angeregte Tanz ist ein Ausdruck für ungebändigte Kraft und Lebensfreude:

Wenn der Spielhahn d‘ Henna kleinweis zu ihm bringt,
wenn er grugelt, wenn er tanzt und springt.
Und so lern i‘ s von dem Spielhahn droben halt,
was im Tal herunt die Dirndln g‘fallt.

Im Jahre 1818 erlegte ein sibirischer Jäger am Angarfluss einen Spielhahn, in dessen Magen sich Goldkörner befanden, die dann zur Entdeckung eines der reichsten Goldlager der Welt führten. Doch nicht des Goldes wegen muss der Schild- oder Schneidhahn, wie er auch genannt wird, bei seiner Hochzeit sterben. Die Jagd gilt seinem Stoß, der Trophäe, auch „Schneid“ genannt, die der Bursch als Zeichen erreichter Männlichkeit und seines Draufgängertums trägt. Zeigt er den Stoß nach vorne gerichtet am Hut, geht man ihm besser aus dem Weg, denn das ist das Zeichen, dass er es mit jedem aufnimmt. Der unverheiratete Bursch trägt die Sichel nach oben offen, der verheiratete Mann lässt die Krümmung der Feder nach unten zeigen. Auch der Teufel in der Tiroler Sage trägt die Hahnenschneid, aber rechts, wohlgemerkt. Auch die Tiroler Kaiserjäger haben den Hahnenstoß an ihrer Mütze getragen – und natürlich nach

Er hat „Schneid".

Die nach oben offene Sichel des Birkhahnstoßes zeigte den unverheirateten Burschen an. Der verheiratete Mann lässt die Krümmung der Feder nach unten zeigen. Die weißen Federn stammen vom Unterstoß.

Am Hutband oberhalb sieht man ein „Rehradl" mit Haaren vom Reh.

vorne gerichtet. An die tausend Kleine Hähne soll Fürst Ernst Rüdiger von Starhemberg geschossen haben, die seinen „Starhemberg-Jägern" als Abzeichen dienten. Starhemberg, einer der reichsten Österreicher, der sich gerne mit Uniform und der bekannten Hahnenstoßmütze zeigte, steckte sein ganzes Vermögen zwischen den beiden Weltkriegen in diese Privatarmee.

Wie schon beim Auerhahn zählen auch beim gerechten Birkhahnjäger die Malerfedern (auch „Grandl" oder „Haken" genannt) und die Weidkörner zu den Trophäen. Diese Steinchen im dickwandigen Magen bezeichnet Fuschelberger als „Magenzähne", denn die Äsung der Waldhühner ist durchwegs hart und wird im Magen zerquetscht. Mehr als achtzig Prozent dieser „Trophäen" bestehen aus Steinchen, die der Gruppe der Silikate angehören. So empfehle ich jedem, der jemals noch Gelegenheit hat, einen dieser so raren Vögel zu erlegen, Bergkristall, Milchquarz, Eisenkiesel, Flint, Hornstein, Kieselschiefer in fast allen Farben, Onyx, Karneol oder den Marmaroschen Diamanten als Trophäe in einem Schächtelchen als Erinnerung an diese zauberhafte Jagd aufzubewahren.

Die Schnepfe

Einen besonders hohen Stellenwert nahm einst beim Federwild die Schnepfe ein. Mit dem Schnepfenstrich begann das neue Jagdjahr, und bereits der Altmeister des deutschen Weidwerks, Carl Emil Diezel (1779 bis 1860) kannte die Verse: *„Reminiscere – putzt die Gewehre, Okuli – da kommen sie, ...“*

Als Trophäe kennen wir die Malerfeder („Schnepfenfeder“, „Schnepfengrandel“) und den Schnepfenbart. Der Stecher, also der Schnabel, diente einst manchem Weidmann, in Silber gefasst, als Pfeifenstopfer. Die Malerfeder ist die längere der zwei kleinen, derben und spitzen Federchen vor der ersten Schwungfeder. Auch Bekassine und anderes Flugwild, wie Fasan, Ente,

Malerfedern und Schnepfenbart, ans Hutband gesteckt. Unterhalb ein Schnepfenkopf in Silber mit Malerfedern rundherum.

Gans, Elster, Auerhahn und Birkhahn, tragen im Flügel das Malerfederchen. Von Albrecht Dürer weiß man, dass er für feinste Ölmalerei diese spitze und steife Feder einsetzte. Der sogenannte Schnepfenbart, eine weitere Trophäe, sitzt an der Bürzeldrüse des Vogels. Er sieht aus wie ein kleiner gefasster Gamsbart. Ich trenne das etwa anderthalb Zentimeter lange, pinselartige Federchen auf dem öligen Bürzel frisch heraus und befestige es mit Faden auf einer Nadel. In einem Aceton-Bad oder auch nur mit Spülmittel wird entfettet, und durch lockeres Anföhnen entsteht ein schöner runder Bart mit Reif. Am Hut getragen, zeichnet diese Trophäe einen Jäger aus, der das kleine und feine Weidwerk zu schätzen weiß.

Abergläubische Deutung beim Vogel mit dem Langen Gesicht

Das eigentümliche Aussehen und Verhalten der Langschnäbel weckte im Volk abergläubische Vorstellungen. Hörte man das Meckern der Sumpfschnepfen – beim Flug durch das Vibrieren der abgespreizten Stoßfedern hervorgerufen –, so glaubte man, Hexen flögen durch die Luft. In Nordböhmen glaubten die Jäger, mit Schnepfengekälk gemischtes Pulver habe zauberische Kräfte. Der Überlieferung nach soll ein Pfarrer, der nach einer Schnepfe geschossen hatte, eine ganz weit entfernt wohnende Hexe getroffen haben. Den Kindern wurden als Mittel gegen Zauberei Schnepfenköpfe umgehängt. Begegneten Brautleute beim Verlassen der Kirche einer Schnepfe, so bedeutete das Unglück in der Ehe. Als recht eigenartiges Mittel gegen Fieber nutzte man die Schnepfe im Böhmerwald. Man ging vor dem Sonnenaufgang in den Wald, suchte ein Schnepfennest, nahm ein Junges heraus und behielt es drei Tage bei sich. Danach ging man in den Wald zurück und ließ die Schnepfe los. Sogleich verlor sich das Fieber.

Weitere begehrenswerte Trophäen des Federwildes

Es gibt weltweit bei allen Natur- und Kulturvölkern Naturmaterialien, die über Jahrtausende in vielfältiger Form und für die verschiedensten Zwecke Verwendung finden. Neben Pflanzen, Knochen, Fell und Leder sind es vor allem die Vogelfedern, die als wärmendes Futter oder als Schmuck bis heute gesucht und beliebt sind. Denken wir an die schneeweißen Parkas aus Schneehuhnbälgen der Eskimos, an die Federhauben der Prärieindianer mit den Schwingenfedern des Adlers, Kaiserin Sissi mit

Trophäen: Branten, Geweihe, Krucken, Muffelschnecken – aber vor allem auch Federn wurden gerne genommen und aufbewahrt.

Links hinten auf der Ablage das sogenannte „Boiferl“ von den Wurlfedern des Auerhahnes, rechts in der Schale Federn vom Flugwild.

Faszination Feder.
Adlerfeder aus dem nordamerikanischen Raum. Der Federzauber ist über die ganze Welt verbreitet, sei es als Schmuck oder als Amulett.

einem Fächer aus Stoßfedern des Auerhahnes, die Federboa der Dame der 1920er-Jahre, die prächtigen Federkronen und Bälge von Papagei und Tukan, welche bei rituellen Zeremonien in den Regenwäldern Südamerikas überreicht werden, oder auch an die Hahnenfeder auf dem Hut der Tiroler Schützen. Endlos könnte ich diese Aufzählung weiterführen, doch ich möchte mich auf die Trophäen beschränken, die in unserem Kulturkreis beliebt sind oder beliebt waren.

Vielfach werden dem Jäger heute strenge Naturschutz- und Jagdgesetze auferlegt, die es zu befolgen gilt. Ja, es könnte heute sogar passieren, dass schon die Mitnahme eines verendeten Greifvogels oder von ein paar Federn zu einer Anzeige führt.

In der Mitte des 19. Jahrhunderts begannen die Menschen der gebildeten Volksschichten sich immer mehr für die Natur zu interessieren. Man ging in die Sommerfrische, presste Blumen in

Büchern oder Erinnerungsalben und legte Käfersammlungen und Herbarien an. Der Bestand des Niederwildes und vor allem die Vogelwelt waren bei der damaligen Landwirtschaft noch intakt, und der Weidmann konnte aus dem Vollen schöpfen. Auch er wollte natürlich Erinnerungen nach Hause bringen und wollte sie für sich und die Nachwelt erhalten – vor allem, wenn es sich um seltene Beute handelte. So hingen vor allem Raubvögel – vom Adler bis zum Nachtgreif – in den Stuben und in den Gängen zwischen den damals noch eher seltenen Reh- und Hirschgeweihen. Aber auch Sing- und Wasservögel waren beliebte Trophäen und wurden „ausgestopft". Die Technik war einfach: Dem Vogel wurde die Haut mit den Federn abgezogen und der Balg gegen Insektenfraß mit Arsen ausgestrichen. Dann wurde, vom Schnabel ausgehend, ein einfaches Drahtgerüst gefertigt, von dem zwei Drahtenden unter den Vogelständern hinausliefen, und schließlich wurde das Gerüst mit Holzwolle umwickelt und der Tierkörper geformt. Vor dem Aufstellen vernähte man die Schnittstelle der Haut vom Hals bis zur Kloake. Die beiden aus den Ständern stehenden Drähte dienten zum Befestigen der Trophäe auf einem Ast oder Baumschwamm.

In einer Zeit, in der Wolf, Bär, Otter und andere Nahrungskonkurrenten des Menschen, wie etwa der kleine Eisvogel, kurz vor dem Aussterben standen, galten Adlerjäger als Volkshelden. Graf Arco-Zinneberg, der Adlergraf, und der Leibjäger von Prinzregent Luitpold von Bayern, Leo Dorn (1836 bis 1915), waren durch ihre kühnen Aushorstungen und Adlerjagden bekannt. Sie trugen stolz die Zeichen ihrer Heldentaten, die Adlerfeder am Hut oder die Kralle an der Uhrkette, beides alte Symbole von Tapferkeit, Kraft und Männlichkeit.

Vor einigen Jahren hing in Oberstorf noch ein Präparat von einem der über hundert Steinadler, die der „Adlerkönig" – so nannte man Dorn – erlegt hatte, meist im Oberiller- und im Ostrachtal im Allgäu. Vielfach fotografiert und als Held in mancher Geschichte in den Blättern des 19. Jahrhunderts gefeiert, war

Adlerjäger Leo Dorn. Die Adlerfeder am Hut war Symbol für Tapferkeit, Kraft und Männlichkeit.

dieser Jäger mit dem weißen Vollbart sicher auch der Lieferant einer heiß ersehnten „Gyr"-Trophäe. Vor allem die Trachtler benötigten den Adlerflaum für ihre Hüte. Mancher Tiroler ist nach alter Überlieferung überzeugt, dass der aufgesteckte Adlerflaum Sehkraft und Rauflust stärkt. Heute deckt man den dringend benötigten Bedarf für die Trachtenvereine mit dem gerupften Flaum vom Truthahn.

Eine besondere Bedeutung im Amulett-Brauchtum spielen die Fänge und Krallen aller Greifvögel. Vielleicht hängt das mit dem später noch zu schildernden sagenhaften Vogel Greif des Orients zusammen? Diese großen und furchterregenden Mischwesen mit ihren Fängen galten in der Antike als die Bewacher des Goldschatzes, des Lichtes und der Sonne. Sie bewachten Goldgruben und bauten ihre Nester aus purem Gold. Sehr alt

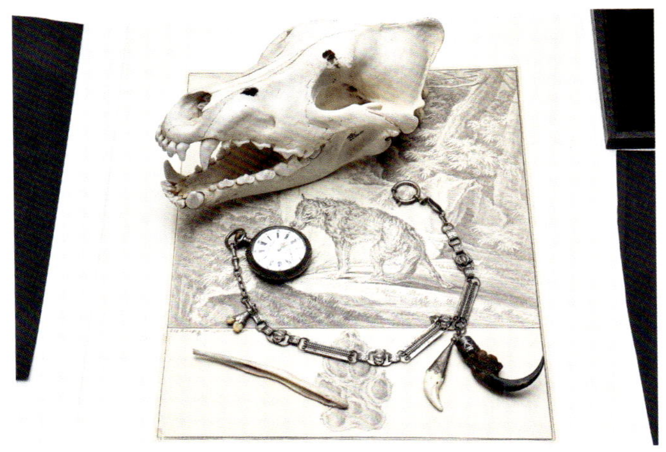

Adlerkralle an einer Uhrkette.

Im Amulett-Brauchtum spielen die Fänge und Krallen der Greifvögel eine große Rolle.

Auf dem Bild sieht man außerdem einen Wolfsschädel sowie Zahn und Penisknochen vom Wolf, und links an der Uhrkette hängen gefasste Stuckgrandeln.

ist der feste Glaube an die Kraft der Habichtsklaue, die Geld anziehen soll. Als verwegenster und gierigster aller Raubvögel übertrug man diese seine Eigenschaften auf die Kralle. Sicher gossen daher schon die alten Römer Krallenamulette aus Kupfer und trugen sie am Hals.

Bis in das 20. Jahrhundert hinein schufen Kunsthandwerker Amulette, Schmuck, Deko-Gegenstände, Brieföffner und Briefbeschwerer aus oder mit Vogelkrallen. Ob dabei der Glaube an die Wunderkraft oder der Reiz der Form im Vordergrund stand, sei dahingestellt.

Was heute viele von uns als Aberglauben bezeichnen, ist für andere eine Religion oder fundierter Glaube. Mit der Annahme des christlichen Glaubens blieben noch lange heidnische Sinnbilder bestehen oder wurden mit christlichen vermischt, da man dem alten Glauben der Bekehrten Rechnung tragen musste.

Über Jahrhunderte zerbrachen sich Gelehrte, Ärzte, Literaten und Sinnierer die Köpfe darüber, welche tierischen Amulette, Trophäen und tierische Substanzen in verschiedenen Lebenslagen hilfreich sein könnten und welche ohne Wirkung blieben. Die Theologen wetterten natürlich gegen die heidnischen Praktiken, um gelegentlich selbst über überlieferte und vermeintliche eigene Erfahrungen und Vorstellungen zu stolpern. Ein Beispiel ist uns von dem lutherischen Magister Lehmann in Sachsen zur Zeit des Dreißigjährigen Krieges überliefert. In flammender Rede richtete er sich wider die nach seiner Meinung allzu rationalistischen Aufklärer einerseits und die Abergläubischen andererseits. Und dann rief er aus: „Es sage mir doch der allerklügste Naturforscher: Woher kommt es, dass eine Habichtskralle Geld an sich zieht?“

Die kleinen Federn des erfolgreichen Flugwildschützen

Es gibt Jagdtrophäen, die nicht nach Gewicht, Größe oder Punkten bewertet werden, die aber für den Jäger eine besondere Bedeutung haben. Bei ihnen zählt nur die Erinnerung an ein besonderes Jagderlebnis, und natürlich zählt auch die Schönheit: die Federn.

Der Wasserwildjäger steckt sich die leicht nach oben gekrümmten grünschwarzen Locken des alten Erpels – die Haken – unter das Hutband. Eine sehr seltene und heute meist nur mehr von Trachtlern getragene Feder ist der Reiherspitz. Einst bei der höfischen Reiherbeize hochgeschätzt, galt der beim reifen Reiher bis zu zehn Zentimeter lange schwarze Schopf als Zeichen des gerechten Falkners. Ein für den heutigen Geschmack ungewöhnlicher Hutschmuck war um 1900 mancherorts die „Deichsel“ am Jägerhut, eine der längsten Stoßfedern beim Fasan. Besonders beliebt sind die Brustfedern des Haselwildes, die man mit Siegellack zusammenfassen kann. Ebenso verfährt man beim Auerhahn mit den Unterstoßfedern – in Tirol „Kellen“ genannt. Haselhahn wie Haselhenne tragen ein „Schild“; der männliche Vogel ein schwarzweiß gefärbtes und rot umrandetes, der weibliche ein helles, braunumrandetes Brustschild. Die Jagd auf dieses kleine Waldhuhn zählt für mich zum Reizvollsten, was das Jagdjahr bieten kann. Im Spätsommer bis in den Herbst hinein lassen sich diese Vögel durch Nachahmung ihres Rufes anlocken – dem „Spissen“ mit dem Pfeiferl aus Metall oder dem selbstgefertigten „Wusperl“ aus Röhrenknochen von Hase oder Katze.

Vögel – Gestalten der Götter- und Sagenwelt

Behutsam hob die Spachtel des Archäologen die Erde über den feinen Knöchelchen eines Vogelskelettes ab, das über einem zerbrochenen menschlichen Schädel lag. Ich hatte den Ausgräber damals, beim Bau des Rhein-Main-Donaukanals 1972, auf diesen Ort, der unter einer schroffen Felswand am Altmühlufer aufragte, aufmerksam gemacht. Manches steinzeitliche Werkzeug habe ich dort gefunden und die Wand mit Kletterseil und Eisenhaken bezwungen, wenn nicht gerade der Wanderfalke seinen steinigen Horst bezogen hatte. Schon während der Ausgrabung, bei der eine steinzeitliche Doppelbestattung – Mutter mit etwa siebenjährigem Kind – ans Tageslicht kam, diskutierten wir über den Sinn des Rabenvogels auf den Schädeln. War dieser Rabenvogel Kopfschmuck, Götterbote oder gar der Überbringer der Seele in eine andere Welt?

Vogeldarstellung bei unseren Vorfahren

Obwohl es bei den Naturvölkern und vor allem im Altertum unzählige Belege für die Wertschätzung des Vogels, ja häufig seine Heiligkeit gibt, verlieren sich ihre Wurzeln im Schatten der Urzeit. Als ich vor Jahren die Originalhöhle von Lascaux in Südfrankreich besuchte, war ich überwältigt von einer schwarz gemalten, dramatischen Jagdszene im tiefen „Schacht“. Unter einer wie Firnis wirkenden Calcit-Schicht ist eine Wisentjagd dargestellt. Zumindest war das damals mein erster Eindruck: Ein kapitaler, weidwunder, von einer Lanze getroffener Wisent, dem das Gescheide vor den Hinterläufen bis zum Boden hängt, bedroht mit seinem gesenkten Haupt einen am Boden liegenden

Dramatische steinzeitliche Jagdszene in der Höhle von Lascaux. Welche Rolle spielt der Vogel?

Dem Wisent hängt das Gescheide heraus; mit gesenktem Haupt bedroht er einen am Boden liegenden Menschen mit Vogelkopf und erigiertem Penis. Darunter sitzt ein Vogel auf einem Stab.

Menschen mit Vogelkopf und erigiertem Penis. Unterhalb des „Jägers" blickt ein auf einem Stab sitzender Vogel in Richtung eines Rhinozeros. Wie schon beim Wisent hat der Steinzeitkünstler geschickt durch das gesträubte Rückenhaar und aufgerichteten Schweif die Gefährlichkeit dieser beiden Jagdtiere für den Jäger geschildert. War der Vogel ein Zeichen für die ausgehauchte Seele? Die ausschließliche Verwendung schwarzer Farbe angesichts der sonst in der Höhle belegten Polychromie und dass dieser tiefe Schacht sonst keine weiteren Bilder zeigt, sprechen dafür. Ob es sich dabei aber wirklich um einen „Seelenvogel" handelt, bleibt dahingestellt, denn neuere Forschungen erkannten in dieser vor ungefähr 17.000 Jahren entstandenen Höhlenmalerei präzise astronomische Kenntnisse der Steinzeitmenschen: Der Vogel auf der Stange symbolisiert das „einzig Feststehende" am Himmel, den Polarstern. Mit verschiedenen

Fixpunkten auf der detailgetreuen Zeichnung lassen sich Linien mit den Himmelsrichtungen und den Sonnenwend-Winkeln finden. So war in verschlüsselter Form mit der Zeichnung für den eingeweihten Wanderjäger der Altsteinzeit eine Orientierung über Raum und Zeit gegeben.

Götter in Vogelgestalt

Tiere als Götter oder göttliche Mischwesen gab es in vielen Kulturen. Besonders einfallsreich war man im alten Ägypten. Der Hauptgott und Herr der Götterwelt war Horus, der mit dem Kopf eines Falken dargestellt wurde. Nach einer Überlieferung breitet er seine Flügel als Himmel über die Erde, hält den Planeten mit seinen Krallen, während sein rechtes Auge die Sonne und sein linkes den Mond darstellt.

Wohl kein anderes Volk der Erde hat die „formgewordene Beschwörung“ des Amuletts so gläubig gestaltet wie die alten Ägypter. Kunstwerke, Gebrauchsgegenstände, Waffen und vor allem Amulette können sichtbare oder verborgene Zeichen einer Verbindung sein, die außerhalb der sichtbaren menschlichen Natur liegt. Es kann ein einfacher Glücksbringer sein, als Abwehrzauber gelten oder für den Besitzer ein Symbol tiefer Verbundenheit mit dem Göttlichen darstellen. Tiere oder Fabelwesen, meist mit religiösem oder mythologischem Zusammenhang, bilden dabei oft die Ausgangsbasis.

Der Vogel Greif

Eine herausragende Stellung nimmt unter diesen Wesen der Vogel Greif ein, der, wie auch der Adler noch heute, in der Heraldik eine Rolle spielt. So zeigt die Buchmalerei in einer Handschrift des frühen 14. Jahrhunderts Alexander den Großen in einer käfigartigen, von vier Greifen getragenen Flugmaschine.

Dieses Bild illustriert eines der Reiseabenteuer Alexanders in Indien, bei dem er einige Greife fing und sich mit ihnen in die Lüfte erhob, indem er an Stecken gespießtes Fleisch hoch über sie hielt. Die Griechen sahen im Greif seit dem 8. Jahrhundert vor Christus ein dem Apoll heiliges Tier mit Löwenleib, Flügeln und Adlerkopf. Die ältesten Darstellungen sind orientalisch und gelten als Symbole göttlicher Macht und Würde. Im alten Babylon schreitet dieser Vogel monumental, bedrohlich und furchterregend aus, um auf der Prozessionsstraße und am Ischtar-Tor jeden Eindringling zu zerfleischen, der sich ihm entgegenstellt. Dämonisch wie die Greife, Löwen und Stiere tritt noch ein anderes Mischwesen in dieser gigantischen Tierreihe auf, den Bewachern des heiligen Bezirkes. Es ist der „Sirrusch", das Fabelwesen aus Schlange, Löwe und Adler. Der Schlangenkopf trägt ein nach vorne gerichtetes Horn in ähnlicher geringelter Form, wie es nach vorne und hinten auch die Greife der einstigen Prozessionsstraße von Babylon haben.

Wertvolle Raritäten aus dem Morgenlande

In den mittelalterlichen Tierbüchern und Dichtungen spielt der Greif eine große Rolle. Ausgehend vom „Physiologus Bestiarius" – um 370 von christlichen Autoren nach antiken Vorlagen zusammengestellt – begründeten diese Werke die christlichen Tierlegenden und waren im ganzen Mittelalter leitend. Wie bei der Fama vom Einhorn war man überzeugt, dass es den Greif in fernen Ländern gab und erwarb vermeintliche Trophäen und Eier dieses großen geheimnisvollen Vogels. Vielfach wurden diese „Trophäen" als wertvolle Geschenke den Fürstenhäusern überbracht, wurden in Silber und Gold gefasste Reliquienbehälter oder Trinkgefäße oder mit Edelsteinen besetzte Wunder- oder Kunstkammerobjekte. Eine „echte" Greifenklaue wurde im Schrein des Hl. Cuthbert (635 bis 687) im schottischen Durham aufbewahrt – in Wahrheit handelte es sich um ein Horn des Steinbocks. Auch mehrere „Greifeneier“ waren in diesem im 16. Jahrhundert aufgebrochenen Schrein – in Wahrheit stammten die meisten dieser „Greifeneier“ von afrikanischen Straußen. Nach Tobias Reymer, 1704, befand sich auch in der Kunstkammer Lüneburg *„ein Klau von einem Greiffe / ungemein groß / welche der König Aaron aus Persien im Jahr 807 an den König Carolum Magnum überschicket hat“.* Das Inventarverzeichnis der Kunstkammer in dem Palast des Augsburger Kaufmanns Hans Fugger – 1944 zerstört – erlaubt einen weiteren Einblick auf das Sammlerglück eines wohlhabenden Renaissancemenschen des 16. Jahrhunderts: Straußeneier und „Greifenkrallen“ (in Wirklichkeit waren es Antilopengehörne), in Gold gefasste Bezoaren (Magensteine), Muschelgeräte, Kolibrifedern, Einhörner (die in Wirklichkeit Narwal-Zähne waren) und wertvolle Kunstobjekte, wie Uhren und Gemälde. – Am Beispiel des Vogel Greif sieht man, wie die fabelhaften Mischwesen der Dämonologien des alten Orients im Abendland weiterleben.

Die Greifenklauen des Mittelalters, meist, wie gesagt, Antilopen- oder Büffelhörner aus Afrika, aber auch Hörner vom Auerochs oder vom Steinbock, setzten gewisse antike Vorstellungen vom Füllhorn fort. In der Antike war das Füllhorn ein mythologisches Symbol des Glückes. Es ist mit Blumen und Früchten gefüllt und steht für Fruchtbarkeit, Freigebigkeit, Reichtum und Überfluss. Auch die kleinen Amulett-Anhängsel aus Gams- und Steinbockhorn könnte man in Zusammenhang mit dem Füllhorn sehen.

Etwas allemeiner gesagt: Der Glaube an die Wirkung der alten Tieramulette und sorgsam aufbewahrter Trophäen hat in antiken Quellen seinen Ursprung. Wir haben schon mehrmals darauf hingewiesen: Der den Urängsten ausgelieferte schwache Mensch erkannte bei den Tieren Fähigkeiten, die ihm verwehrt waren, und versuchte durch Beschaffung von Federn, Krallen,

Zähnen und anderen „Trophäen", die zu Amuletten wurden, an dieser tierisch-göttlichen Macht teilzuhaben. Dass solcher Aberglaube noch vielerorts bis heute lebendig ist, bestätigte mir erst kürzlich ein Altertumsforscher aus Kroatien: Um die Potenz der Männer zu stärken, hatte man ihnen zur Zeit seiner Großmutter noch Vogelfedern in die Hosen genäht.

Trophäen des Schuppenwildes.

Der Angelfischer sammelt, ebenso wie der Jäger, die verschiedensten Erinnerungsstücke. Im Amulettbrauchtum verkörperten Fische göttliche oder dämonische Kräfte. Sie dienten als Glücksbringer und zur Abwehr von Unheil.

Links in der Schale sieht man die Flossen von Äschen, in der Mitte einen halben Hecht-Unterkiefer, und in der kleinen Schale rechts befinden sich die Schwanzflossen von Regenbogen-Forellen.

Die Trophäen der nassen Weid

Fische tragen keine Geweihe, doch wie das Haar- und Federwild jagt der Mensch seit Urzeiten mit Netz, Harpune und Angel das Schuppenwild. Nicht nur als wichtiges Nahrungsmittel ist der Fisch bis heute hochgeschätzt, seine sagenhafte Fruchtbarkeit führte weltweit bei Natur- und Kulturvölkern zu Impulsen auf verschiedenen Gebieten. Der Angelfischer sammelt, ebenso wie der Jäger, die verschiedensten Erinnerungsstücke oder verzichtet ganz auf das Verspeisen der Beute und lässt sie präparieren. Wie bei den Jagdtrophäen gibt es seit dem Altertum Beispiele, die vom Amulettbrauchtum bis in medizinische Bereiche führen. Es zeigt sich, dass der Fisch von den Jägern zum Ende der Altsteinzeit – zwischen 30.000 und 10.000 vor Christus – in der Kleinkunst, vor allem auf Geweih, gerne in Kombination mit dem Hirsch oder dem Pferd dargestellt wurde. Manche Forscher vermuten, dass der Künstler dem Motiv einen Sinn zugeschrieben haben dürfte, der unter dem Aspekt eines männlichen und weiblichen Prinzips stand.

Der Fisch – ein altes Symbol von Leben, Liebe und Fruchtbarkeit

Im Bereich der syrisch-phönizischen Kultur und im alten Ägypten galt der Fisch noch als ein heiliges Götterzeichen. In der griechischen und römischen Kultur erscheint der Schuppenträger als Zeichen der Fruchtbarkeit und Lebensfülle auf unzähligen Kunstwerken.

Artemis, die griechische Jagdgöttin und Tochter des Zeus, der römischen Diana gleichgestellt, wurde als Göttin der Jagd und der Geburt verehrt. Als Göttin von Flüssen heißt Artemis „Potamia“. Fische waren ihr heilig. Mit schilfdurchflochtenem

Haar, von Delphinen umspielt, erscheint sie auf Münzen. Mit der allmählich nachlassenden Furcht vor den alten Göttern verlor sich die Erinnerung an das Herkommen der himmlischen Tiere bereits in der Antike. Ihr hohes Ansehen hatten sie aber behalten. Daher konnten Taube, Lamm und vor allem der Fisch zu frühen christlichen Symbolen werden. Der Fisch galt als das älteste Wahrzeichen Christi. Der Delphin, vormals noch als Fisch angesehen, versinnbildlichte häufig den Gottessohn, den „Auferstandenen". Zugleich war er aber auch ein Sinnbild der Taufe, des „Bades der Wiedergeburt", durch welches Tod und Sünden „abgewaschen" wurden. Die Tatsache, dass Christus in der Frühzeit oft als Fisch schlechthin bezeichnet wurde, beruht vermutlich auf einer Geheimformel der ersten verfolgten Christen: *Jesous Christos, theon hyios, soter* (Jesus Christus, Gottes Sohn, Retter). *Ichthys* ist das griechische Wort für Fisch. Demgemäß findet man das geschriebene Wort „Ichthys" ebenso wie das gezeichnete oder auch eingravierte Fischsymbol in den frühen Christengemeinden an Grabmälern, auf Krügen und vielerlei Gegenständen, seit dem Beginn der Verfolgungen auch an den Wänden der Katakomben.

Fischgötter und Dämonen

In der älteren Zeit war der Fisch aber keineswegs allein auf die Christussymbolik festgelegt. Man sah sich von Dämonen und Geistern umgeben, die wie auf manchem Denkmal romanischer Kunst auch in fischgestaltige Fabelwesen schlüpfen konnten. Vor allem das einschwänzige und doppelschwänzige Meerweib das durch die Melusinen-Erzählung und die naturkundlichen Berichte von den Meermenschen seit dem Mittelalter immer wieder einen sagenhaften Impuls bekam, wurde zu einer volkstümlichen Bildgestalt: als Ziergestalt, als Apotropaion zur Unheilabwehr und als Amulett-Anhänger.

Im jüngeren Amulettbrauchtum gelten bestimmte Fische oder vereinfachte Darstellungen der Flossenträger ganz allgemein als Glücksbringer und als Apotropaia. Die Frage, welcher Bildsinn hinter dieser Gebrauchsbedeutung steht, ist schwer zu beantworten, denn der Fisch als Bildgestalt weist wohl die allerbunteste, vielschichtigste und irrationalste Symbol- und Sinngeschichte von allen Tieren auf.

Fische galten als Verkörperung oder Manifestation göttlicher oder dämonischer Kräfte; die Fischgestalt war Zeichen und Symbol elementarer Fruchtbarkeit. Als Vertreter des Wassers und des Meeres verkörpert er ein Wesen der sich stets erneuernden Welt. Das Schuppenwild erfüllt seine Rolle als Orakeltier und Zukunftskünder. In der Volksmedizin, wie im Zauber und Gegenzauber, findet es ausgedehnte Verwendung, insbesondere im Liebeszauber. So weiß Frater Rudolphus im 13. Jahrhundert von einem äußerst verwerflichen, nach antiken Vorbildern variierten Liebeszauber zu berichten: *„Drei Fischlein legen sie, eins in den Mund, das zweite unter die Brüste, das dritte an den unteren Teil* (vermutlich die Vagina), *bis sie sterben; dann machen sie sie zu Pulver und geben sie den Männern in Speise und Trank"*. Hier scheint mir eine Verbindung zum Bild des Fisches als Sexualsymbol beim Gebrauch fischgestaltiger Amulette, wie es heute vor allem noch bei Mittelmeervölkern üblich ist, offenkundig. Ich sah auf meinen Reisen am Mittelmeer manches Beispiel für die Beliebtheit dieser fischgestaltigen Amulette, welche als Glücksbringer und zur Abwehr des Bösen Blickes und sonstiger zauberischer Einwirkungen getragen werden. Auch die getrockneten Flossen von Fischen über den Eingangstüren der Häuser, an Fischerhütten oder sogar an Rückspiegeln von Autos weisen darauf hin, dass auch heute diese „Trophäen" – Symbol des Fisches – als Glückszeichen und Apotropaion besonders geschätzt werden.

Fischtrophäen einst und heute

Naturgetreu Fischpräparate herzustellen, ist sehr schwer, denn es gelingt kaum, mit Spraydose, Pinsel und Lack den natürlichen Glanz der Schleimhaut zu zaubern, der über den Farben und Schuppen liegt und den Frischgefangenen so einmalig macht.

Obwohl es heute Künstler gibt, denen es gelingt, durch neue Trocknungsverfahren und mit sorgsamer Bemalung gute Kopf- und Ganzpräparate herzustellen, habe ich einen anderen Weg gefunden. Eine erste Anregung dazu waren die Schaukästen mit Trophäenfischen in englischen Häusern. Der Kapitale wurde als Präparat, manchmal auch als hölzernes und bemaltes Halbrelief auf die Rückwand eines verglasten Dioramas montiert. Künstliche Wasserpflanzen, Sand, Steine und ein gemalter Hintergrund sollten die einstige Heimat von Lachs oder Forelle andeuten und waren beliebte Objekte in den „Rod-rooms“ der englischen Sportangler um 1900.

Später habe ich dann in Schottland eine andere – einfachere – Art der „Trophäe“ kennengelernt. Man legte den Salm auf einen Karton und zog mit Bleistift oder Kreide die Körperkontur des Fisches nach, wobei die Flossen in gewünschter Stellung gehalten wurden. Einem geschickten Gillie kam dann die Aufgabe zu, den Fisch im Halbrelief nachzuschnitzen und einfach zu bemalen. Als ich damals diese Bretter sah, kamen mir die historischen Seeforellen in den Sinn, welche im Tegernsee gefangen wurden und noch heute in Form stattlicher, gefasster Holzplastiken zu sehen sind. Es handelt sich dabei durchwegs um Reliefplastiken, das heißt, die eine Seite ist flach, während die andere Seite, die Schauseite, den Fisch plastisch und in Farbe darstellt. Aus einem Zeitraum von mehr als zweihundert Jahren (1690 bis 1920) haben sich insgesamt acht solcher Dokumente erhalten. Sie hängen in der Gaststätte des herzoglichen Brauhauses in Tegernsee und im Gebäude der Seefischerei. Inschriftentafeln halten die jeweiligen Daten fest. Die älteste Plastik stammt aus dem Jahre 1690: *„Im Juni ward dergleichen / Hauchforelle im Tegernsee ge- / fangen worden, hat gewogen / 57 Pfund“*. Im Jahre 1709 wurden noch im Mai zwei „Grund Ferchen“ mit einem Gewicht von 34 Pfund erbeutet und als Plastiken der Vergänglichkeit entrissen. Angeregt durch diese Erinnerungstrophäen, achte ich auf meinen Pirschgängen am Wasser auf geeignete, dicke Holzbretter. Besonders schön wird Holz, das versunken im Wasser lagert und dessen weiche Strukturen bereits ausgeschwemmt sind. Diese warten dann zu Hause auf den nächsten gefangenen großen Fisch, der aufgelegt, mit Kreide konturiert und anschließend ausgesägt wird.

Wie bei der grünen Jagd, so gilt auch beim Fischfang dem Räuber besonderes Augenmerk. Besonders begehrt ist dabei das Pflugscharbein der schweren Lachse und Forellen, das wie eine Pflugschar am Gaumen von starken Lachsen und Forellen sitzt. Kapitale Hechte, Zander und vor allem der Donaulachs – er

Trophäe von einem kapitalen Huchen (Donaulachs).
Er kann über 25 Kilogramm schwer werden und hat einen imposanten Kiefer mit sehr spitzen Zähnen.

kann über 25 Kilogramm schwer werden – besitzen imposante Kiefer mit sehr spitzen Zähnen. Natürlich sind diese aber kleiner als die Haken des Fuchses, die der Jäger als Edelweiß geformt am Hut trägt, oder als die scharfen Waffen des Keilers.

Eine Erzählung über zwei bekannte historische Persönlichkeiten – beide Jäger und Fischer – mag verdeutlichen, wie wertvoll auch die kleinste Trophäe sein kann. Ich habe die Geschichte in einem Nachruf auf Dr. Karl Heintz (1849 bis 1925), den bekannten Autor und Sportfischer, in der illustrierten Zeitschrift „Der Sportfischer“ vom April 1925 gefunden. Geschrieben und erlebt hat sie der damals ebenfalls sehr beliebte Jagd- und Novellenschriftsteller Arthur Schubart (1876 bis 1937). Er berichtet darin, dass er an einem Wintertag des Jahres 1885 mit seinem Vater spontan der Einladung von Dr. Heintz folgte und mit ihm zum Huchenfischen an die Isar ging. Dort stellte der Meister sein Huchengerät zusammen, und mit ehrfürchtiger Bewunderung verfolgte man dann die Würfe, mit denen „der glitzernde Köder einen guten Schrotschuss weit von der Rolle flog und flockenleicht in die Gischt des schäumenden Kessels tauchte“. Frost und Rheuma waren völlig vergessen, als sich die Gertenspitze bog und nach aufregendem Drill der Huchen, den die Herren zwischen 15 und 17 Pfund schätzten, am verschneiten Ufer lag. Arthur Schubart bekam als Erinnerung für seine jugendlich-unbändige Freude am Huchenfang von Dr. Karl Heintz den größten Zahn aus dem Oberkiefer dieses Fisches. „Buddhas kleiner Zahn ist nicht höher in Ehren gehalten worden als dieser, den ich fast zwanzig Jahre unter meinen kostbarsten Reliquien verwahrte“, schreibt Arthur Schubart in dieser Erinnerung.

Wie wichtig aber auch in der Volksmedizin die Dentalien der Flossenträger vor nicht so langer Zeit waren, dokumentiert ein Apothekergefäß, das ich beim Aufbau des Deutschen Fischereimuseums in einer Münchner Apotheke fand. Das mit Ornamenten bemalte Keramikgefäß enthält zahlreiche Unterkiefer vom Hecht und trägt die kunstvolle Beschriftung „*Mandibulae Esox Lucius*". Wie ich in Erfahrung bringen konnte, wurden pulverisierte Hechtunterkiefer noch im 19. Jahrhundert gegen Zahnschmerz empfohlen. Vielleicht liegt diesem Brauch die Erfahrung zugrunde, dass dem Hecht ausgebrochene Zähne wieder nachwachsen. Es liegt ja in der Natur des Menschen, in seiner Unwissenheit, Schwäche und Hilflosigkeit Analogien heranzuziehen. Der Analogiezauber, eine auch unter den Naturvölkern weitverbreitete Prozedur, beruht auf der Annahme, dass zwischen zwei Dingen wegen einer äußerlichen Ähnlichkeit eine innere Übereinstimmung besteht. So sah das Volk in unseren Breiten im Gebiss und Teilen des Hechtkopfes die Leidenswerkzeuge Christi – Nägel, Lanze und Dornenkrone.

Zugrunde liegt seit Urzeiten die Fähigkeit des „Hineinsehens" des Homo sapiens, eine der wichtigsten und fruchtbarsten Antriebe des Menschen zum Aberglauben, aber auch zu künstlerischem Schaffen. Dieses Hineinsehen besteht in der Geneigtheit und Fähigkeit, sich in tote Zufallsformen sowie in naturhaft gewachsene Gebilde hineinzudenken und so den Gegenstand oder das Gesehene in eine Sphäre lebender Vertrautheit zu erheben – sie zu „beseelen".

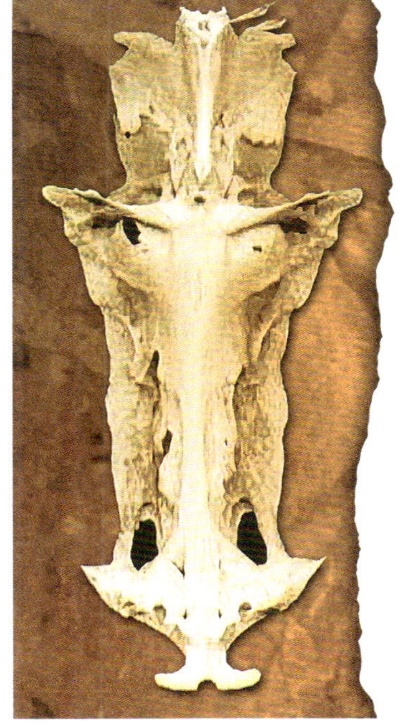

„Kreuzfisch". Es ist dies ein Schädelteil einer amerikanischen Welsart. Mit ein wenig Phantasie erkennt man darin den Gekreuzigten, und man sieht sogar die Lanzenstiche.

Die Trophäen unserer Friedfische

Aber nicht nur die Raubfischangler haben ihre Trophäen, auch Karpfen, Schleie, Brachse, Döbel und selbst Kleinfische wie die Plötze besitzen ihre eigenen, unverwechselbaren Trophäen. Es sind die Schlundzähne. Sie sitzen gleich hinter den Kiemen auf zwei den Schlund umgreifenden Knochenspangen. Der Petrijünger trägt sie an Hut oder Krawattennadel, klebt sie auf Brettchen oder verwahrt diese Reliquien der Nassen Weid in kleinen Behältern. Kaum mehr in Gebrauch sind kleine Holzknöpfe mit aufgelegten Schlundknochen als Verschluss der Sportkleidung. Nur der echte Fachmann kann die Schlundzähne aufgrund der nur kleinen Unterschiede den einzelnen Arten zuordnen. Unregelmäßige und spärliche Zahnreihen, bei alten Fischen mit stumpfen Enden, erinnern an abnorme Miniaturgeweihe. Vor allem die im Volksmund als „Graskarpfen" bezeichneten Fische besitzen, wenn sie kapital sind, äußerst bizarre Schlundzähne.

Neben den Schlundzähnen, die zum Zerkleinern von harter Nahrung dienen, schätzt man Flossen, Wirbel und Schuppen als Erinnerung an ein Petri Heil. Schuppen gelten im Volksglauben als Glücksbringer. In manchen Gegenden ist der Karpfen das wichtigste Gericht zu Weihnachten und Neujahr. So streute man in Schlesien die glückbringenden Schuppen durchs Haus, in Berlin wurden sie als Talisman und „Heckgeld" in die Geldbörse getan, als Geld, das sich fortpflanzt. Zur Hexenabwehr dienten nach dem Karpfenmahl in Schlesien die Kopfknochen. Sie wurden in Vogelgestalt als „Heiliger Geist" zusammengefügt und über dem Esstisch aufgehängt.

Steine in den Ohren der Fische und Krebsaugen

Der Stein begleitet den Aufstieg des Menschen wie kein anderer Stoff. Erst Faustkeil und Steinklinge befähigen den Urjäger, die Herrschaft über das Tierreich anzutreten. Kein Wunder also, dass auch Versteinerungen urzeitlicher Tintenfische, die in der Jurazeit vor 150 Millionen Jahren lebten, im Volk als etwas Wunderbares galten, als Teufelskrallen, Gespensterkerzen, Blitz- und Schlangensteine sowie Donnerkeile. Auch die in Tierorganen gefundenen Steine zählten zu den Zauber- oder Hexensteinen und wurden sorgsam aufbewahrt oder auch als Amulette gefasst getragen. So bildeten auch diese Organsteine eine Mischform von Trophäe, Amulett und Arznei im hautnahen Kampf um die bedrohte Existenz, um das Überleben im Wüten der Seuchen und Dämonen.

Otolithe sind kalkhaltige Gehörsteine, die in einem als Gleichgewichtsorgan funktionierenden Labyrinth auf feinen Härchen wachsen. Vor allem beim Dorsch schätzt sie heute der Angler und lässt sie manchmal zu Schmuck verarbeiten. Diese Steinchen wachsen jährlich und lassen sich wie die Schuppen zur Altersfeststellung heranziehen. An ihnen lassen sich bei starker mikroskopischer Querschnittsvergrößerung genaue Jahresringe feststellen, an denen sich Gunst und Ungunst der Verhältnisse, des Klimas und der Nahrung ablesen lassen.

Krebsaugen, auch „Krebssteine" genannt, waren in der Volksmedizin sehr begehrte, etwa linsengroße und leuchtend blaue Kalkkonkremente. Diese Magensteine bilden sich an der Magenwand der Krebse und stellen den Kalkvorat dar, den das Krustentier benötigt, um nach der Häutung wieder einen neuen Panzer aufzubauen. Aufklappbare „Krebsaugenschüsserln", wie auch Amulette mit Krebsaugen in Silber gefasst, sind wertvolle Stücke in Volkskundesammlungen und zeigen die hohe Wertschätzung dieser heilbringenden Anhänger im 17. und 18. Jahrhundert. Im Mittelalter fand der Krebs in der Volksmedizin viel Verwendung zur Beförderung der Empfängnis und zur Abwehr der Krebskrankheit. Geschäftstüchtige Holländer fertigten sogar Fälschungen von Krebsaugen aus Porzellan und dem Material zerstoßener Tabakspfeifen an und brachten sie in den Handel, wie in „Museum Museorum Falentini" 1704 berichtet wird.

Schamane beim Tanz – er beherrscht die Rituale.

Der Schamane hatte besondere Beziehungen zu den Tiergeistern und kannte ihre Riten und Mythen; er konnte die wahre Ursache von Krankheiten erkennen und Tabuverletzungen wieder rückgängig machen.

Die Kleidung, die der Schamane zur Ausübung seines Amtes anlegte, war eine besonders ausgewählte.

Die Wurzeln des Jäger-Aberglaubens

Das Tabu und der Schamane als Gegenspieler

Tiere und Menschen sind gemeinsamen Ursprungs. Das gilt von alters her, nach der christlichen Genesis ebenso wie nach der darwinistischen Lehre. Und auch viele Naturvölker leiteten bzw. leiten ihre Herkunft aus dem Tierreich ab. Tiere standen dabei entweder auf derselben Stufe mit dem Menschen oder galten als höhere Wesen. Sie durften durch die Jagd nicht erzürnt werden. Um dem vorzubeugen, mussten gewisse Tabus vor bzw. bei der Jagd eingehalten werden.

Es ist für mich als aufgeschlossenen Weidmann des digitalen Zeitalters nicht leicht, den Begriff des Tabus zu umreißen. Es ist einerseits etwas Heiliges, Sakrosanktes, andererseits etwas Unreines, also etwas, das Ehrfurcht oder Abscheu einflößt. Es haben sich gerade auf der Jagd und natürlich auch beim Fischfang in allen Kulturen unübersehbare Tabus entwickelt. So preisen die Eskimos auch heute noch denjenigen als weise, der alle Tabus kennt. Tabuverletzungen würden sich, so war man überzeugt, in Krankheiten niederschlagen. Tabuverletzungen galten daher bei allen Jägervölkern der Erde als lebensbedrohlich.

Nur Schamanen, die besondere Beziehungen zu den Tiergeistern hatten und deren Riten und Mythen beherrschten, konnten die wahre Ursache solcher Krankheiten erkennen und Tabuverletzungen wieder rückgängig machen. Der Schamane ging meist bei dieser Krankenheilung auf eine Seelenreise, um die entführte Seele wieder in den Körper des Kranken zurückzuholen. Dabei bediente er sich seiner Hilfsgeister und verschiedener amulettwertiger Gegenstände, meist mit animalischem

Bezug. So konnten Stäbe die Läufe eines Hirsches symbolisieren und die jeweiligen Eigenschaften des Tieres übertragen – ähnlich Vogelfedern.

Die Kopfbedeckung des Schamanen – ein Hirschgeweih oder eine aus Federn gefertigte Haube – hatte für ihren Träger jedoch nicht nur die Bedeutung des Schutzes vor übelwollenden Geistern oder der Übertragung der gewünschten Eigenschaften von einem Tier, sie war häufig auch Auszeichnung und wurde verliehen, um einen bestimmten Rang anzudeuten.

Die Kleidung, die der Schamane zur Ausübung seines Amtes anlegt, ist eine besonders ausgewählte und nur für diesen Zweck geeignete. Bei den sibirischen Völkern besteht sie aus einem hemdartigen Obergewand, das im Binnenland meist aus Rentierfell besteht, an der Küste manchmal aus Fischhaut oder Seehundfell. Die Herstellung des Gewandes geschah in früherer Zeit in Verbindung mit bestimmten Zeremonien: So schlachtete der Schamane selbst ein Rentier, besprengte alle Zierate seines Gewandes reichlich mit dem Blut des Tieres und fertigte aus dem Fell einen Rock. Das Blut dient hier zur Übertragung einer Kraft des Geistes des Tieres. Der Geist des Rentieres geht auf den Menschen über und begabt ihn so mit dessen Eigenschaften, die der Schamane braucht, um seine Aufgaben zu erfüllen.

Die Naturvölker

Die Weltbetrachtung, der die Naturvölker huldigen, hat man „Animismus" getauft. Ich bin davon überzeugt, dass sich dieser Begriff auch auf die Jäger der Altsteinzeit anwenden lässt, der ältesten Epoche der menschlichen Geschichte. Im Glauben dieser Wildbeuter – heute nennen wir es Aberglauben – war die gesamte Natur beseelt. Aus dieser Vorstellung heraus lassen sich die Magie der Jagdriten, der Glaube an Geister und sogar die Verwandlungsmöglichkeiten von Mensch zum Tier oder umgekehrt ableiten. Die Wirtschaftsform zur ausgehenden Altsteinzeit hin – sie endet um 10.000 vor unserer Zeitrechnung – wird von der Wissenschaft als „höheres Jägertum“ bezeichnet. Neben den Steinwerkzeugen dieser Epoche – sie erlauben eine zeitliche Einordnung – steht der Forschung hier eine schier unübersehbare Fülle von Ausgrabungsfunden zur Verfügung.

Die Anfänge der Kunst, mit den ältesten figürlichen Darstellungen der Menschheit, fallen in diesen Zeitraum. Die geheimnisvollen, großartigen Gravierungen und Malereien an Höhlenwänden entstanden zum Ende dieser Epoche hin.

Das Jagdtier und seine Trophäe in der Kunst

Die Jagd ist so alt wie der Homo sapiens, und das jagdbare Tier in der Kunst ist so alt wie die Kunst selbst. Trotzdem gibt es kaum eine wissenschaftliche Erkenntnis, die sich so schwer durchgesetzt hat, wie jene vom Vorhandensein einer eiszeitlichen Kunst und deren Einordnung in unsere geistige Vorstellung. Die Tatsache, dass Menschen zum Ausgang der letzten Eiszeit (etwa von 100.000 bis 10.000 v. Chr.) Kunstwerke schufen, war seit 1864 bekannt. Der französische Forscher Edouard Lartet hat mit eigener Hand die gravierte Darstellung eines Mammuts aus ungestörten Erdschichten gehoben. Eine Fälschung war daher ausgeschlossen. Im Jahr 1873 hat dann der Lehrer Konrad Merk aus Basel das Kesslerloch bei Thayngen in der Schweiz erforscht, unmittelbar an der deutschen Grenze. In dieser Kalksteinhöhle mit zwei Eingängen hat er die einzigartige Hinterlassenschaft steinzeitlicher Jäger ausgegraben. Außer etwa 30.000 Feuersteingeräten und Absplissen fand sich eine Fülle von Geweih- und Beinarbeiten: sogenannte Kommandostäbe – ein- und mehrlochig (man deutet sie heute als Pfeilschaftglätter) –, Amulette, Anhänger aus Geweih, außerdem Knochen, Tierzähne und Muscheln. Besonders hervorheben muss ich an dieser Stelle die

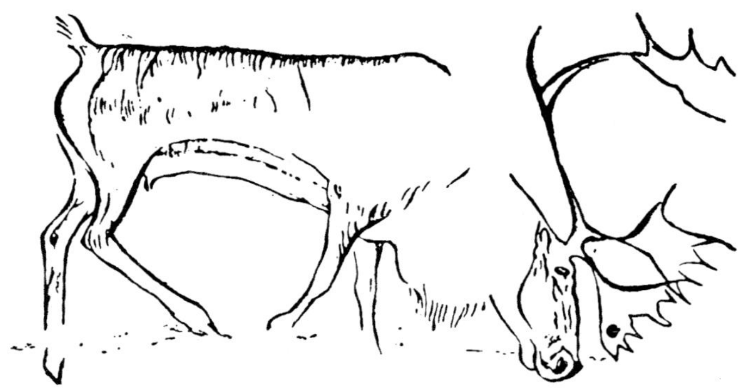

Rentier-Abbildung auf einem Lochstab.
Die Abbildung wurde mit Flintstichel in eine Geweihstange graviert.

Darstellung von Jagdtieren der damaligen Zeit, von Rentieren, aber auch von Pferden, eingraviert auf Lochstäben und auf Knochenplatten. Ein ganz besonderes Stück hat als Kunstwerk Weltgeltung erlangt: die mit einem Flintstichel aufs Feinste ausgeführte Rentier-Gravur auf einer zwanzig Zentimeter langen Geweihstange.

Eine völlig neue und vor allem rätselhafte Welt ist hier aus der Erde getreten. Noch 1877, anlässlich eines Anthropologenkongresses in Konstanz, überwog die Meinung, dass die sogenannten „Kunstwerke der Steinzeit" alles Fälschungen seien. Aber es folgten weitere Nachweise für das geistige und künstlerische Vermögen des Vorzeitmenschen.

Zwei Jahre nach dem Konstanzer Kongress wurden die mehrfarbigen Deckenmalereien in der Höhle von Altamira im Norden von Spanien entdeckt. Ihre außergewöhnliche Vollkommenheit musste Erstaunen hervorrufen. So darf es uns nicht überraschen, dass ihre Echtheit als Zeugnis früher Jäger noch heftiger bestritten wurde als die eiszeitlichen Kleinkunstwerke. Nachdem die wissenschaftliche Welt zunächst glaubte, die Bilder von Bison, Hirsch, Wildschwein und Pferd mit guten

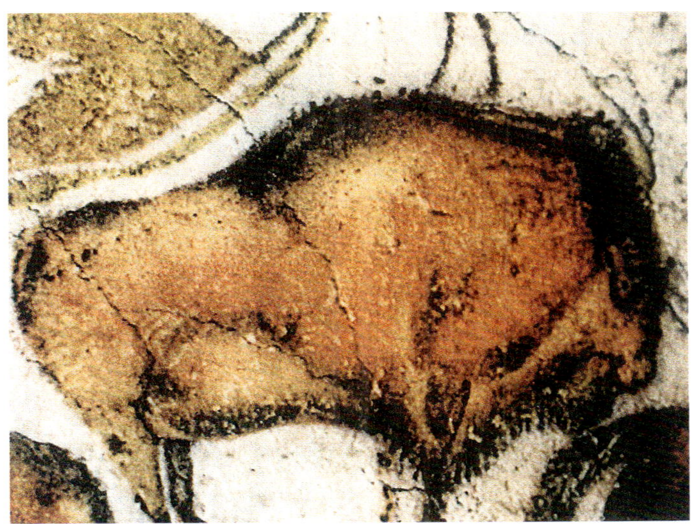

Höhlenmalerei: Bison von Altamira in Nordspanien.
An die hundert Tierbilder entstanden dort vor rund 15.000 Jahren.

Gründen als Fälschungen abtun zu dürfen, kam die verdiente Anerkennung erst zu Beginn des zwanzigsten Jahrhunderts.

Heute sind Hunderte Höhlen mit farbigen Darstellungen des jagdbaren Wildes bekannt. Tausende von Kunstwerken aus Geweih, Knochen, Stein und Elfenbein legen Zeugnis ab von einer geheimnisvollen Jägerwelt. Ich vermute, dass diese Welt in vielen Bereichen, nicht nur bei Jägern – sei es bewusst oder unbewusst – bis in jüngere Epochen nachwirkt.

Die Tierdarstellung

Das Werkzeug, mit dem unsere Urahnen Stein und Knochen schmückten, lässt sich mit dem Stahlstichel eines Goldschmiedes vergleichen. Größe und Form der Zurichtung – des „Schliffs" – sind fast identisch. Aber worin liegt der Zweck des dargestellten Kunstwerkes? Reine Dekoration, Erinnerung an Erlebtes oder eine in die Zukunft weisende magische Darstellung? Worin liegt der Zweck moderner Kunst? Kann diese uns vielleicht bei der Suche nach dem Sinn der alten Darstellungen helfen? Nehmen wir Joseph Beuys als Beispiel, der in Zusammenhang mit seinen Hirschgraphiken einmal bemerkte:

> Der Hase ist ähnlich wie der Hirsch, aber wie auf eine ganz andere Art viel spezialisierter. Er gräbt sich ein. Da kommt man wieder auf die Inkarnationsbewegung. Das macht der Hase, sich stark in diese Erde hineininkarnieren, was der Mensch nur mit seinem Denken radikal durchführt: sich damit an der Materie (Erde) reiben, stoßen, graben; schließlich eindringt (Kaninchen) in deren Gesetze, in dieser Arbeit sein Denken verschärft, dann umwandelt und Revolutionär wird.

Bringt uns das weiter…?

Man nimmt heute an, dass diese eiszeitlichen Darstellungen von Jagdtieren, in seltenen Fällen auch von Menschen oder von Mischwesen, über das rein Ästhetische hinausgehen. Es wird wohl auch so sein: Die Wurzeln werden im Kultisch-Religiösen, vielleicht sogar in einer Art Urphilosophie liegen. Aber was genau wollte der Steinzeitmensch mit seinen Bildern bekunden oder ausdrücken? Was trieb ihn, manchmal kaum zugängliche Erdentiefen für die Anfertigung seiner Darstellungen aufzusuchen?

Ursprünglich hatte man in den Darstellungen der Steinzeitkünstler eine Jagdmagie gesehen, durch die vielleicht ein Schamane durch Beschwörung den Jagderfolg sichern sollte. Doch davon rückte man immer mehr ab. André Leroi-Gourhan und Madame Laming-Emperaire, zwei der heute auf diesem Feld führenden Forscher, konnten nachweisen, dass ganz bestimmte Koppelungen von Tierarten beabsichtigt waren. Am häufigsten findet man Bisons und Pferde gemeinsam. In verminderter Zahl kommen Mammut, Hirsch, Ren, Bär, Löwe und Nashorn vor. Die Forschungen über die Felsbildkunst in Spanien und Frankreich förderte jedenfalls klar zutage, dass der Künstler der Steinzeit Um- und Mitwelt unter dem Aspekt eines männlichen und eines weiblichen Prinzips erlebte. Vor allem bei den ausgemalten Höhlen ergab sich ein religiöses System, das auf dem Gegensatz und auf der Ergänzung der männlichen und weiblichen Werte gründete. Symbolisch wurden diese durch Tiere und mehr oder weniger abstrakte Zeichen ausgedrückt. Der tiefere Sinngehalt dieser Kunst wird wohl nie ganz geklärt werden können. Vergleiche mit heute noch lebenden Naturvölkern bieten sich zwar an, stehen aber auf recht wackeligen Beinen.

Jagd- und Fruchtbarkeitsmagie?

Lange wurde die eiszeitliche Kunst bevorzugt in einen funktionalen Zusammenhang mit einer Jagd- und Fruchtbarkeitsmagie gebracht. Nachdem sich jedoch gezeigt hat, dass die Menge der in den Höhlen dargestellten Tiere keineswegs mit dem Anteil dieser Tierarten an der Jagdbeute korrespondiert, suchte man auch nach anderen Erklärungen.

Nachdem sich alle diese Kunstwerke in meist verborgenen und schwer zugänglichen Felsräumen befinden, gehe ich davon aus, dass es sich um sakrale, ja heilige Räume handelt. Denkbar wäre, dass in ihnen rituelle Handlungen vorgenommen wurden oder dass der Zweck dieser Bilder rein in der Anfertigung als solcher lag. Denkbar wäre aber auch eine teils magische, teils mystisch-religiöse Bindung des Künstlers, eines Schamanen oder der ganzen Jagdgemeinschaft an ein bestimmtes Jagdtier. Im Hinblick darauf, dass die Menschen jener Zeit wirtschaftlich Jäger und Fischer waren, ist eine emotionale Beziehung, sogar eine enge familiäre Bindung mit einem tierischen Stammvater oder Schutzgeist möglich. Ich denke in diesem Zusammenhang auch an den Totemismus verschiedener Indianerstämme der Nordwestküste Nordamerikas, wie etwa die Tlingit- und Haida-Stämme mit ihren Tierwappenpfählen. Einst schmückten sie auch ihre Kleidung, ihre Jagd-, Gebrauchs- und Zeremoniengeräte wie auch große hölzerne Angelhaken mit Tiersymbolen. Bär, Wolf, Rabe, Otter, Biber und andere Tierdarstellungen waren jedoch nicht nur Schmuck, sondern Erkennungssymbole der Abstammung von einer legendären Ahnfrau des jeweiligen Clans. Und natürlich wünschte man sich auch, mittels der dargestellten Symbole die Hilfe der Ahnen beim Jagen und Fischen zu erhalten. Außerdem war das auf Geweih, Knochen oder Holz geschnitzte, gravierte oder gemalte Jagdtier ein persönliches Erkennungszeichen, das von den anderen Achtung und Respekt verlangte. Heute tragen Jagdwaffen das Monogramm des Besitzers oder sind mit der unverwechselbaren Gravur eines Meisters geschmückt. Irgendwie raunt auch hier immer noch die heidnische Vorzeit.

Über Jahrtausende, in denen der Mensch die Jagd ausübt, entstanden neue Techniken der Waffen und damit des Tötens einer unschuldigen Kreatur. Die Art und Weise, wie man jagt und tötet, beeinflusst Geist und Ethik. Sichtbarer Ausdruck dafür ist die Bildersprache der Jagdkunst. Sicher ist: In der Jagdkunst der Eiszeit fanden magische oder religiöse Vorstellungen ihren Niederschlag. Sie verband Mensch und Tier, welche eingebettet waren in eine gemeinsame Umwelt, in eine Umwelt, deren Gefahren die Menschen – Frau und Mann – nur zu gut kannten. Diese Umwelt musste respektiert und bewältigt werden. So sehe ich alle Kunstwerke des Eiszeitalters als Botschaften, angefangen von den gravierten Geweih- und Knochengeräten, über Waffen, Amulette aus Mammut- und Höhlenbärenzähnen, Venusfigürchen bis zur überwältigenden Höhlenkunst. Sie sind zugleich Botschaften an die Beutetiere und deren als dem Menschen ebenbürtig gedachte Seelenwelt. Es sind Versuche, Regeln zu finden, die Jäger und Gejagte verbinden und gegenseitig verpflichten …

Epilog

Begonnen habe ich dieses Buch mit einer Jagd auf den Hahn. Beenden möchte ich es mit der Erlegung eines Murmeltieres. Beides sind Wildarten, die in nicht mehr allzu vielen Gegenden bejagt werden dürfen und deren Trophäen Bedeutung haben. Viele Jäger lassen es gutsein, wenn sie einmal ein solches Wild erlegt haben.

Ich liebe die Jagd auf den kleinen Nager, das oft Stunden, bei mir oft Tage dauernde Ausspekulieren, um das richtige Stück zu erlegen. Aber was ist das Richtige? Hier gehen die Ansichten weit auseinander. Blättert man in den Jagdzeitungen, zeigen sich die tüchtigen Mankeijäger meist mit starken Bären; diese sollen ja auch als schöne Erinnerung an die Bergjagd stehend präpariert werden. Auch Balg mit Kopf, auf roten oder schwarzen Filz aufgenäht, ist beliebt, wie bei den großen Bären. Wir schätzen auch das Wildbret des Murmeltieres als köstlichen Braten oder Gulasch, und natürlich wird das Fett von uns auch sorgsam vom Fleisch getrennt und ausgelassen.

Wie bei jeder Jagd auf diese kleinen, liebenswerten Erdbewohner gingen mir auch diesmal beim Aufstieg Gedanken über Sinn und Berechtigung der Jagd durch den Kopf. Als ich dann weit oben im Kar mit den langen grünen Graszungen zwischen den Steinrinnen mit dem Glas das Gelände abtastete, wurde mein Kopf wieder frei, und der Jagdteufel hatte mich voll im Griff. Vergessen waren die Befürchtungen, dass der vorletzte Winter, mit Schneelagen bis zu zwei Metern noch im Mai, oder der Adler, den ich in den letzten Tagen häufiger gesehen hatte, den Murmeltieren arg zugesetzt hatte. Ein Gamsbock hatte sich etwa hundert Schritt unter mir auf einem Felsvorsprung niedergetan, und auf einem gewaltigen Felsblock beobachtete ich lange eine Mankeifamilie – Bär, Katze, zwei Affen und in der

Nähe der steinernen Behausung zwei Halbwüchsige, die offensichtlich dazugehörten, was sie deutlich durch heftiges Auf- und Abwärtsschlagen ihrer Ruten zeigten, wenn sie in die Nähe der Alten kamen.

Einige hundert Meter weiter unten entdeckte ich plötzlich ein kleines graues Köpfchen, das sich unter einer Steinplatte hervorschob. Es hatte den hellgrauen Ring zwischen Nase und Sehern – für mich ein Zeichen, dass es sich um ein älteres Tier handelte. Es weckte sofort meinen Jagdtrieb. Ich packte Gewehr und Lodenfleck, streichelte mit leichtem Druck und einem leisen „Bleib!" den Kopf meines Hundes und pirschte nach unten. Der neu eingenommene Standort, Beine nach oben, Kopf nach unten, war sehr unbequem, und es dauerte, bis sich endlich der kleine Erdbewohner zur Gänze aus seiner Röhre geschoben hatte. Nach dem Schuss erhob ich mich sehr langsam und ging – tief in Gedanken versunken – die fünfzig Schritte zum Anschuss, zu dem Tier, dem ich das Leben genommen hatte. Eine lange dünne Schweißspur führte über eine riesige, schräg am Hang ruhende Steinplatte, an deren Ende das Tier lag. Diese wie aus dem gewachsenen Stein gehauene Felsrippe erinnerte mich an die Form der mittelalterlichen Grabplatten, unter denen einst die fürstlichen und geistlichen Persönlichkeiten ihre letzte Ruhe fanden. Mit diesem Gedanken im Kopf rutschte ich aus, schlug mit Kopf und Rücken hart auf dieser gewaltigen Felsplatte auf und kam neben meiner Beute zu liegen. Ein böses Omen! „Mein Letztes!" schoss es mir durch den Kopf, als ich, noch schwer benommen vom Sturz, den kleinen Wildkörper aufnahm. Ich spürte die enge, fast religiöse Bindung zwischen Mensch und Tier, die ein Versöhnungsritual fordert.

Wieder wurde mir bewusst, warum alle Naturvölker, aber auch unsere Vorfahren Riten entwickelten, um das tief sitzende Schuldgefühl zu kompensieren. So mussten die alten finnischen Jäger vor der Jagd verschiedene Vorsichts- und Reinigungsrituale befolgen. Nach gemeinsamer erfolgreicher Bärenjagd mit dem Spieß mussten sie zum Zeichen der Versöhnung die „Hand“ geben.

Als Letzten Bissen brach ich dieses Mal für meinen Bären kein Alpenrosenbüschel, sondern wählte die Zirbe als Bruch. Aufgebrochen und auf einen Zirbenast gebettet, machte ich mich mit der Beute am Rucksack nachdenklich auf den Weg ins Tal. Zuhause suchte ich Rat bei Ortega y Gasset, der in seinen Meditationen über die Jagd schreibt: *„Zu einem guten Jäger gehört eine Unruhe im Gewissen angesichts des Todes, den er dem bezaubernden Tier bringt. Er hat keine letzte gefestigte Sicherheit, dass sein Verhalten richtig ist. Aber man verstehe dies richtig, er ist auch des Gegenteils nicht sicher.“*

- Ende -

Russische Rituale

Russland

Herausgegeben von Ingolf Natmessnig. 176 Seiten.
Exklusive Ausstattung in Leinen. € 29.-

Jagderzählungen aus Russland – von der Zarenzeit bis in die Gegenwart, u.a. von: Tolstoi, Turgenjew, Aramilew, Arsenjew, Michailow, Bianki, Tschirikow, Prischwin.

Ochota

Herausgegeben von Ingolf Natmessnig. 208 Seiten.
Exklusive Ausstattung in Leinen. € 31.-

Die schönsten Jagderzählungen und Tiergeschichten aus Russland. Mit Beiträgen u.a. von: Leskow, Rasputin, Leonow, Bondarenko, Aksakow, Turgenjew, Prischwin, Aramilew, Tolstoi, Fedossejew, Schachow; Alfred Brehm.

Bärenjagd in Russland

Herausgegeben von Ingolf Natmessnig. 176 Seiten.
Exklusive Ausstattung in Leinen. € 29.-

Ein Buch nicht nur für Jäger und am Bären Interessierte, sondern auch für Freunde hochqualitativer russischer Erzählkunst.

Wolfsjagd in Russland

Herausgegeben von Ingolf Natmessnig. 160 Seiten.
Exklusive Ausstattung in Leinen. € 29.-

Nirgendwo weiß man so viel über den Wolf wie in Russland. In dem Buch paart sich detailliertes Fachwissen zum Wolf mit den besten Erzählungen. Unter anderem mit Beiträgen der russischen Klassiker Sworykin und Sabanejew.

Österreichischer Jagd- und Fischerei-Verlag
1080 Wien, Wickenburggasse 3
Tel. +43/1/405 16 36 Fax +43/1/405 16 36/59
E-mail: verlag@jagd.at Internet: www.jagd.at